かっこいい小学生になろう

Z会グレードアップ問題集

●はじめに

Ｚ会は「考える力」を大切にします

『Ｚ会グレードアップ問題集』は，教科書レベルの問題集では物足りないと感じている方・難しい問題にチャレンジしたい方を対象とした問題集です。当該学年での学習事項をふまえて，発展的・応用的な問題を中心に，一冊の問題集をやりとげる達成感が得られるよう内容を厳選しています。少ない問題で最大の効果を発揮できるように，通信教育における長年の経験をもとに“良問”をセレクトしました。単純な反復練習ではなく，１つ１つの問題にじっくりと取り組んでいただくことで，本当の意味での「考える力」を育みます。

パズル要素を含む問題で，楽しみながら「計算力」を高める

計算の単元では，単純な計算練習を繰り返すのではなく，虫食い算などパズル要素を含む問題を多く出題しています。試行錯誤しながら取り組むことで，計算の仕組みをきちんと理解し，確かな「計算力」を身につけることができます。

平面図形や空間図形を多角的にとらえる「図形センス」

算数の図形問題においては，「図形センス」が重要です。低学年の教科書では図形問題があまり扱われませんが，この時期から取り組むことで，高学年になってからのつまずきを防ぐことができます。本書では，１つの図形を多面的に見ることを通して，図形の特徴をとらえる力を身につけていきます。

この　本の　つかいかた

1　この　本は　ぜんぶで　40 かいあるよ。
1 から　じゅんばんに，1 かいぶんずつ　やろう。

2　1 かいぶんが　おわったら，おうちの　人に　まるを　つけて
もらおう。

3　まるを　つけて　もらったら，つぎの　ページにある　もくじに
シールを　はろう。

4　しって いたら かっこいい！　で　しょうかいしている　ことは，
ともだちも　しらない　ちしきだよ。がっこうで　ともだちに
じまんしよう。

保護者の方へ

お子さまの学習効果を高め，より高いレベルの取り組みをしていただくために，保護者の方にお子さまと取り組んでいただく部分があります。「解答・解説」を参考にしながら，お子さまに声をかけてあげてください。

お子さまが問題に取り組んだあとは，丸をつけてあげましょう。また，各設問の配点にしたがって，点数をつけてあげてください。

マークがついた問題は，発展的な内容を含んでいますので，解くことができたら自信をもってよい問題です。大いにほめてあげてください。

いっしょに　むずかしい　もんだいに　ちょうせんしよう！

イーマル

ミルマリ

イワンコ

もくじ

おわったら　シールを　はろう。

第 1 回

けいさん　10までの　かず

1　えを　見て，□に　あてはまる　かずを　かきましょう。

（1つ10点）

スパゲティ

ハンバーグ

ハンバーグ

ハンバーグ

やきざかな

スパゲティ

1　人は　ぜんぶで　□　人です。

2　めがねを　かけて　いる　人は　□　人です。

3　フォークで　たべて　いる　人は　□　人です。

4　ハンバーグを　おはしで　たべて　いる　人は　□　人です。

2　１から　９までの　かずが　かいて　ある　カードが　１まいずつ　あります。?の　カードに，かいて　ある　かずを　こたえましょう。(20点)

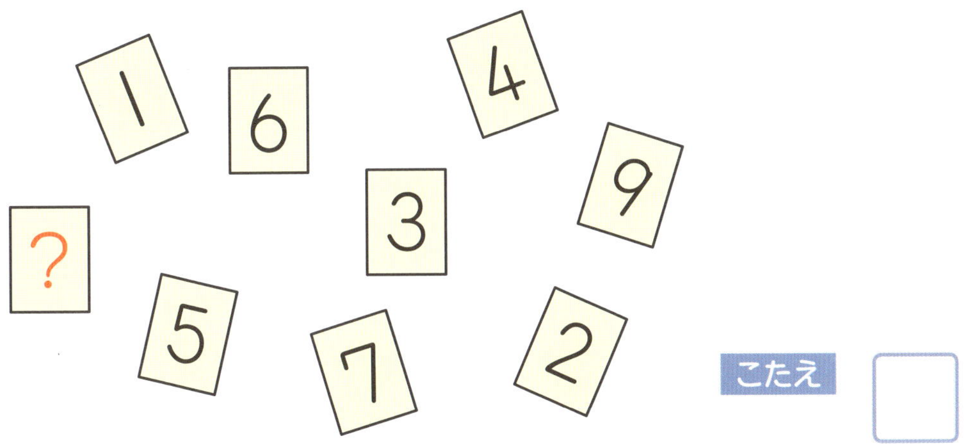

こたえ □

3　こくばんに　かかれた　かずを　見(み)て　こたえましょう。

(□１つ10点)

1　いちばん　小(ちい)さい　かずは　□　です。

2　８より　大(おお)きい　かずは　□　です。

3　４より　小(ちい)さい　かずは　□　と　□　です。

第2回 けいさん かずを わけよう ①

1 □に あてはまる かずを かきましょう。**1**，**2**は，えを 見て，こたえましょう。（1つ 10点）

1 おはじきを 5こ もって います。

にぎった 手の 中には おはじきが

□ こ 入って います。

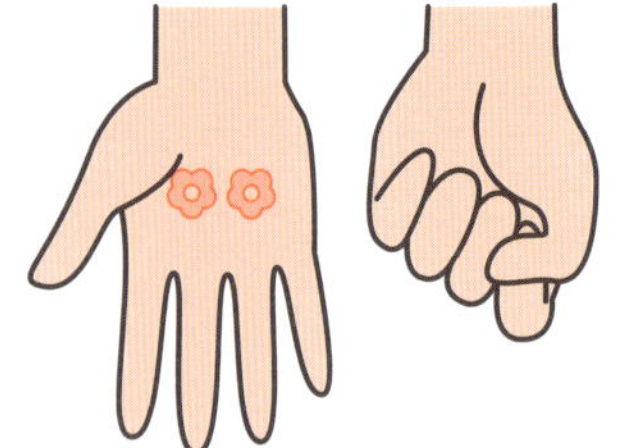

2 おはじきを 7こ もって います。

にぎった 手の 中には おはじきが

□ こ 入って います。

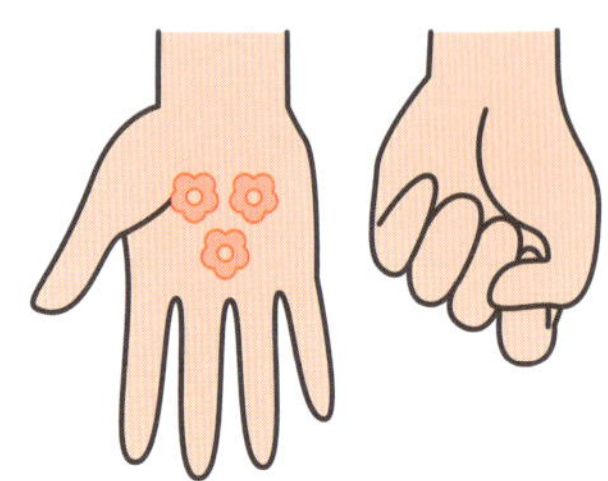

3 4は 1と □ に わけられます。

4 8は 2と □ に わけられます。

5 6は □ と 3に わけられます。

6 9は □ と 5に わけられます。

7 9は □ と 6に わけられます。

8 9は □ と 7に わけられます。

2 さいころの 目(め)が あわせて 7に なるように，せんで むすびましょう。（10点）

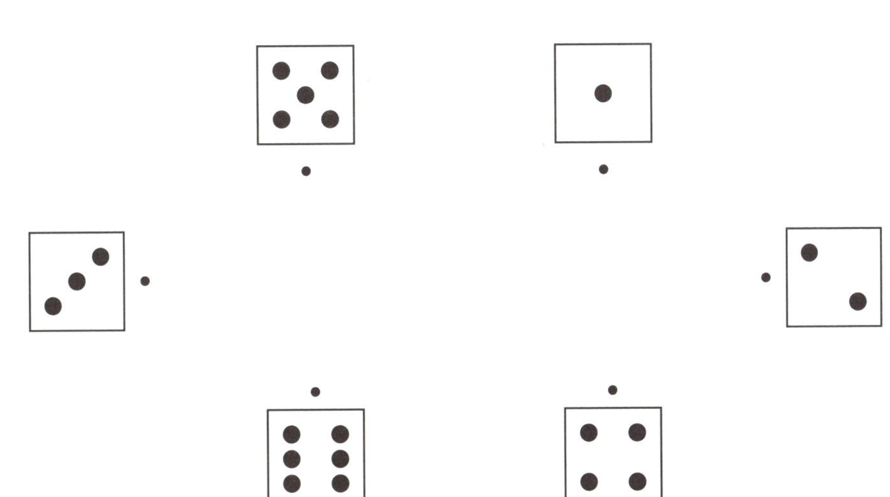

3 あめが 9こ あります。3人(にん)で おなじ かずずつ わけると，1人(ひとり)ぶんは なんこでしょう。（10点）

○(まる)に いろを ぬって かんがえよう。ぜんぶで 9この ○(まる)に いろを ぬるよ。

第3回 けいさん かずを　わけよう ②

1 □に　あてはまる　かずを　かきましょう。(１つ５点)

❶

あと □ こで　８こです。

❷

あと □ こで　10こです。

❸ ３と □ で　８に　なります。

❹ □ と　２で　10に　なります。

❺ ７は　１と　２と □ に　わけられます。

❻ ９は　１と □ と　３に　わけられます。

❼ 10は □ と　２と　４に　わけられます。

2 10を　わけます。□に　あてはまる　かずを　かきましょう。

（1つ10点）

1 10は □ と □ に　わけられます。

2 10は □ と □ に　わけられます。

3 10は □ と □ に　わけられます。

4 10は □ と □ に　わけられます。

5 10は □ と □ と □ に　わけられます。

いろいろな　こたえを
かんがえよう。

3 下(した)の　やりかた　の　ように　かずを　わけます。□や
□に　あてはまる　かずを　かきましょう。（□1つ5点）

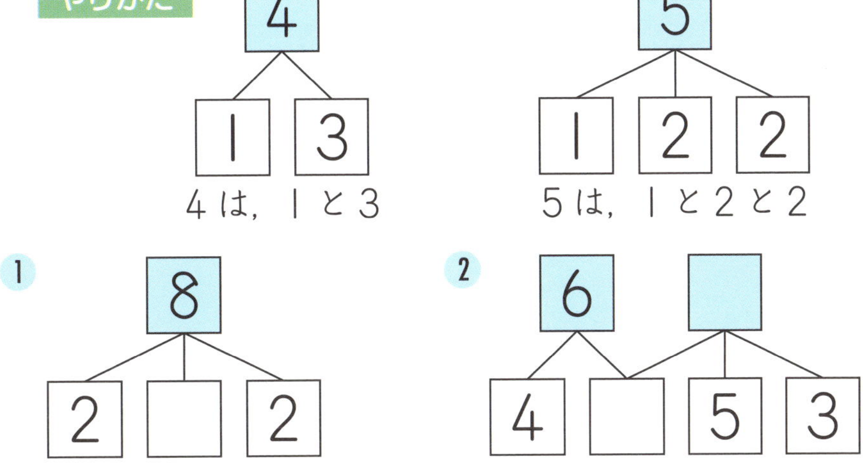

第4回

ずけい かたちを　かんさつしよう

1　みほんと　おなじ　えが　１つだけ　あります。さがして（　　）に　○(まる)を　かきましょう。（１つ10点）

①

みほん

（　　）（　　）（　　）（　　）

②

みほん

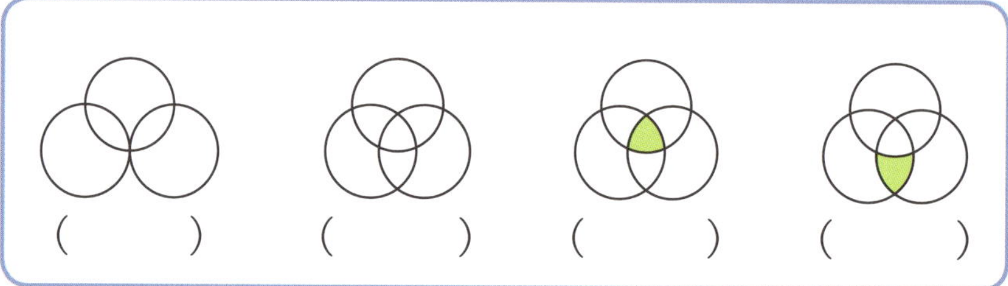

（　　）（　　）（　　）（　　）

③

みほん

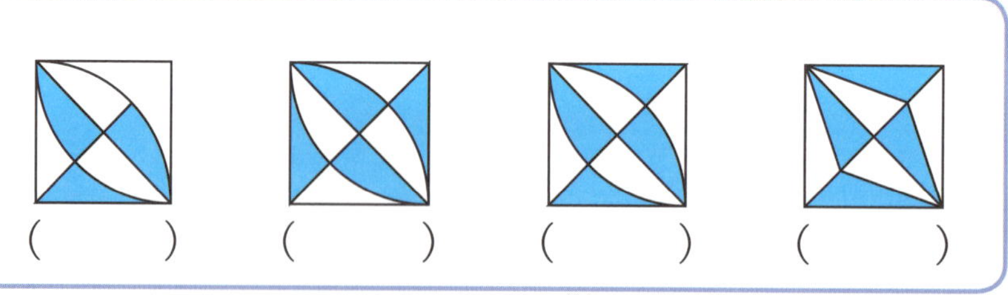

（　　）（　　）（　　）（　　）

おなじ　えを　見(み)つける　ときは　まず，おなじ　かたちを　さがそう。それから，いろが　ぬって　ある　ところを　かくにん　すると　いいよ！

2 ●と ●を せんで むすび，左がわと おなじ えを 右がわに かきましょう。(30 点)

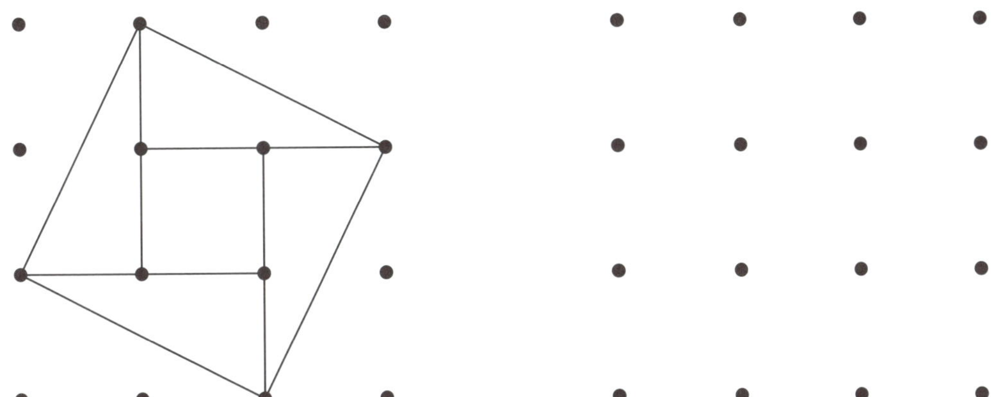

3 すう字ごとに きめられた かたちに いろを ぬりましょう。(40 点)

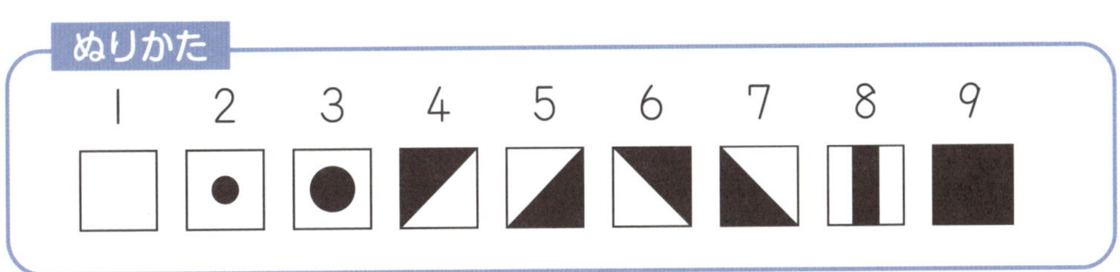

やりかた

5	9	7
5	9	7
1	9	1

1	1	1	3	1
1	1	1	2	1
1	1	1	8	1
1	5	9	9	1
6	9	9	9	4

ここに いろを ぬるよ。

第5回

1 7人が 1れつに ならんで います。□に あてはまる かずを かきましょう。(□1つ10点)

まえ

うしろ

1 ぼうしを かぶって いる 人は うしろから □ ばん目に います。

2 ぼうしを かぶって いる 人の うしろには 人が □ 人 います。

3 かばんを もって いる 人は まえから □ ばん目と □ ばん目に います。

4 かばんを もって いる 2人の あいだには，人が □ 人 います。

2 たなに　いろいろな　ものが　おいて　あります。□に
あてはまる　かずを　かきましょう。(□1つ10点)

1 たなは　ぜんぶで　□　だん
あります。

2 くまの　ぬいぐるみは　上(うえ)から
□　だん目(め)に　あり，下(した)から
□　だん目(め)に　あります。

3 本(ほん)を　下(した)から　4だん目(め)の
たなに　入(い)れました。このとき，
本(ほん)は　上(うえ)から　□　だん目(め)に
あります。

4 ぼうしを　いま　ある　たなから，2つ　下(した)の　たなに
うつしました。このとき，ぼうしは　上(うえ)から　□　だん目(め)に
あります。

学習日　　月　　日　　得点　　／100点

1　いろいろな　えが　かべに　はって　あります。□に
あてはまる　かずを　かきましょう。（□1つ6点）

左

右

1　えんぴつの　えは　上から　□　だん目に
ありります。

2　くるまの　えは　上から　□　だん目の
左から　□　れつ目に　あります。

3　花の　えは　左から　2れつ目の，上から
□　だん目と　□　だん目に　あります。

2 えを 見て，□に あてはまる かずを かきましょう。

（□1つ10点）

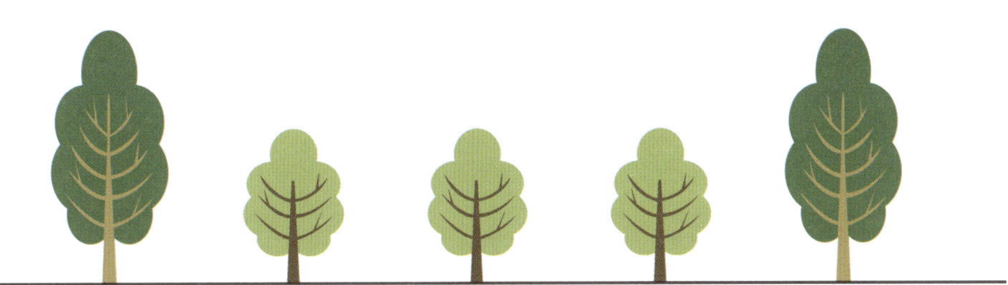

1 大きい 木と 小さい 木は あわせて □ 本 あります。

2 大きい 木は 左から □ ばん目と □ ばん目に あります。

3 小さい 木は 左から □ ばん目と □ ばん目と □ ばん目に あります。

4 ぜんぶの 木と 木の あいだに 花を うえると，花は ぜんぶで □ 本 いります。

第7回 けいさん なんばん目 ③

学習日　月　日　得点　／100点

1 7まいの　カードに　かずが　かかれて　います。えを見て，□に　あてはまる　かずを　かきましょう。（□1つ14点）

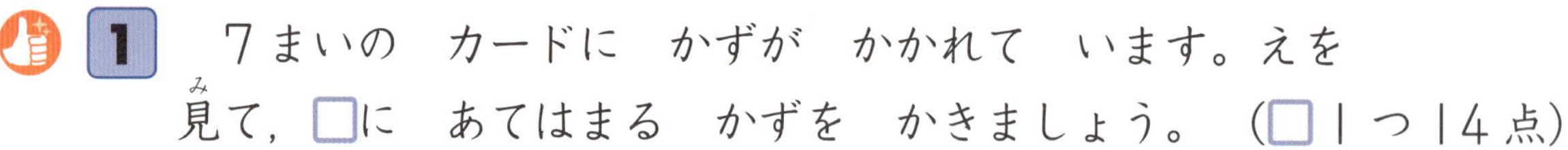

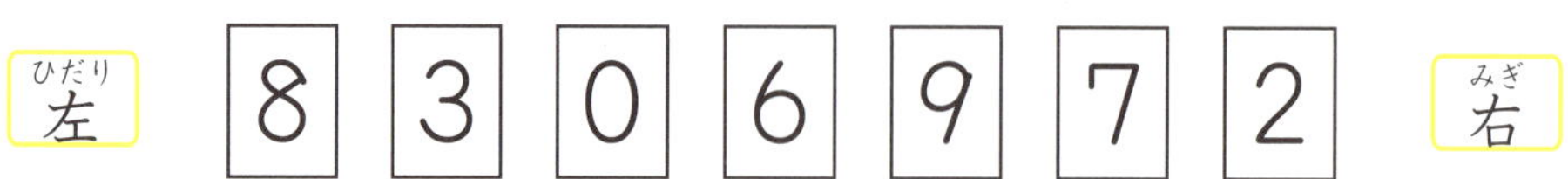

1 いちばん　大きい　かずは　右から　□　ばん目に　あります。

2 左から　2ばん目の　かずより　4大きい　かずは　右から　□　ばん目に　あります。

3 左から　4ばん目の　かずと　右から　5ばん目の　かずを　あわせると　□　に　なります。

4 左から　□　ばん目の　かずと　左から　□　ばん目の　かずを　あわせると　5に　なります。

2 人が 1れつに ならんで います。かよさんは なん人 ならんで いるのかを しりたいと おもって います。

（1つ10点）

1 かよさんは まえから 5ばん目に います。かよさんの まえには なん人 ならんで いるでしょう。

こたえ □ 人

かよさんが まえから 5ばん目に なる ように 上の ?に 人の えを かいて かんがえよう！ ぼうにんげんで いいよ。

2 かよさんの うしろには 2人 ならんで います。かよさんは うしろから なんばん目に いるでしょう。

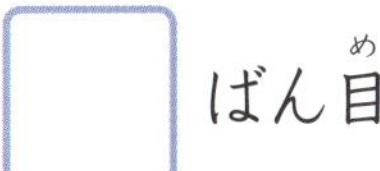

こたえ □ ばん目

3 **1**，**2**のとき，ならんで いる 人は，かよさんも あわせて なん人でしょう。

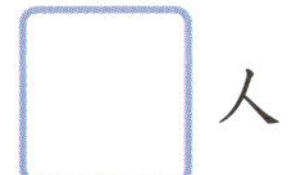

こたえ □ 人

ずけい　かたちを　くみあわせよう

学習日　　月　　日　得点　　／100点

1　□に　ある　かたちを　つくります。どの　かたちを　くみあわせると　よいでしょう。くみあわせる　かたちを　㋐〜㋔から　えらんで　□に　かきましょう。（1つ25点）

1

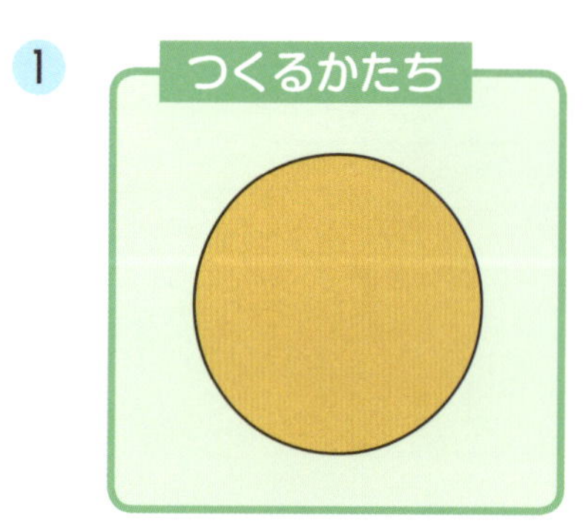

□　と　□　と　□

2

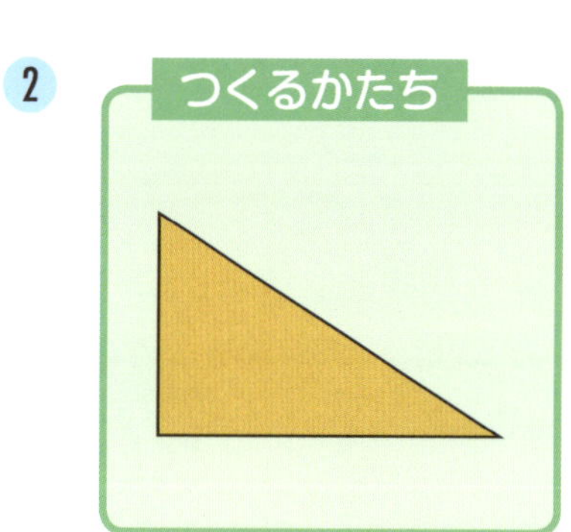

□　と　□

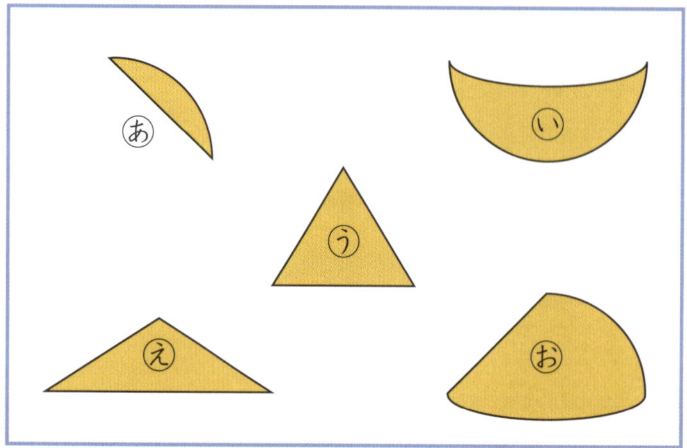

かたちは　この中（なか）から　えらぶよ。

2 □に　ある　いろいたを　ぜんぶ　くみあわせて　かたちを　つくります。つくれない　かたちは　どれでしょう。
あ～えから　えらんで　かきましょう。(50 点)

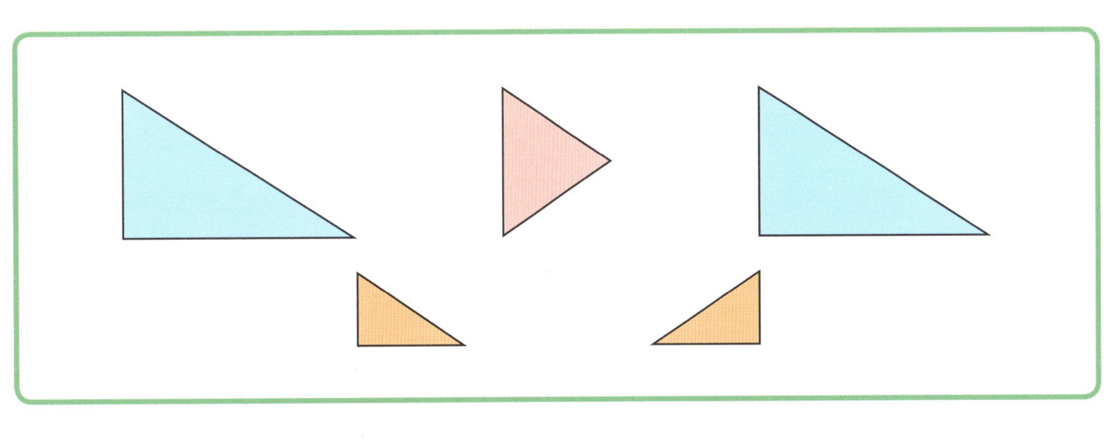

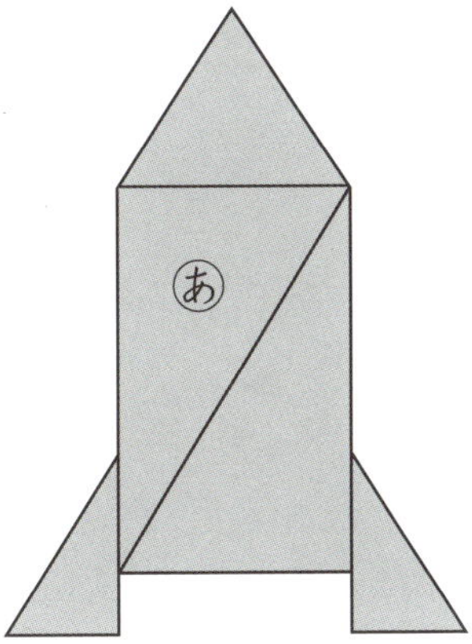

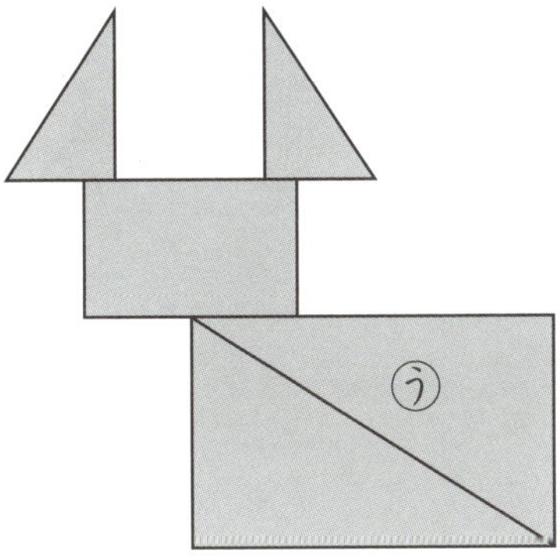

あ

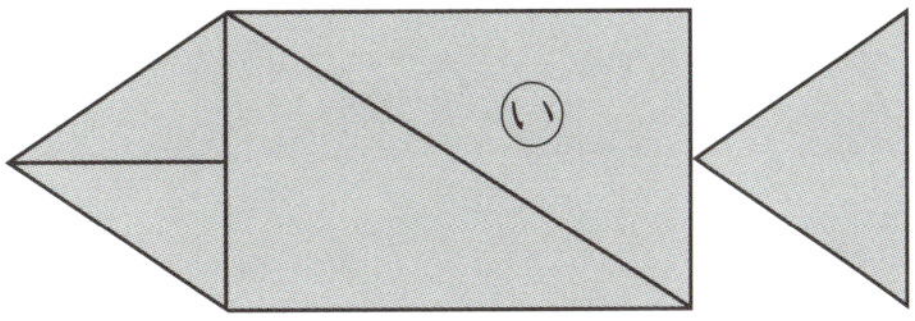

い

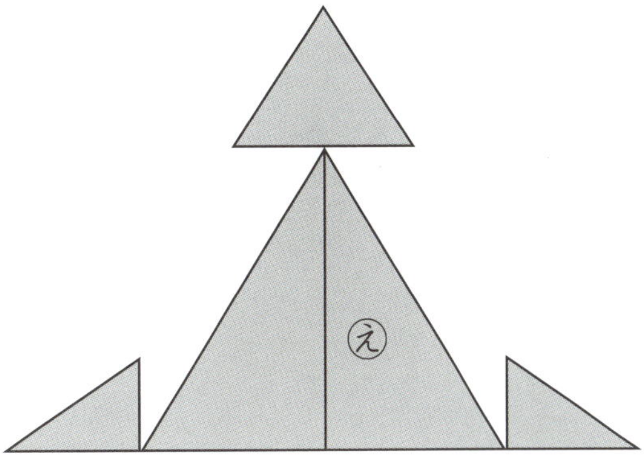

う

え

こたえ

第9回 けいさん きまりを 見つけよう ①

1 ①から ⑨まで，じゅんばんに すすみましょう。(25点)

2の あとは
どっちの 3に
すすめば いいかな。

2 あいて いる ○に すう字を 入れながら，①から ⑨まで じゅんばんに すすみましょう。いちど とおった ところは とおれません。(○1つ5点)

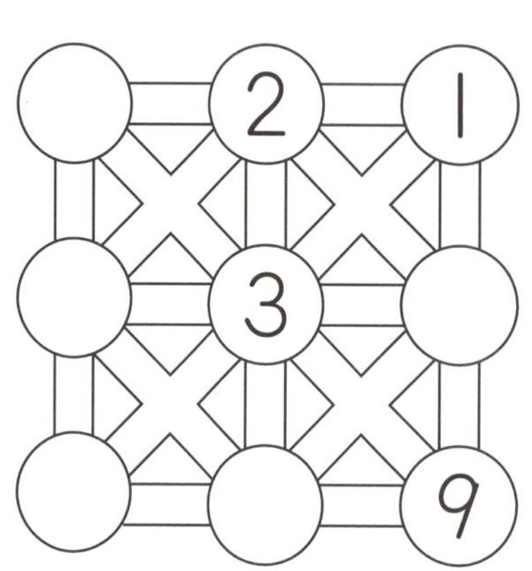

どの ○に 4を
かくと いいかな。

3 はこの 中(なか)に カードを 入(い)れると，カードに かかれた かずが，きめられた とおりに かわる ふしぎな はこが あります。
□に あてはまる かずを かきましょう。(1つ25点)

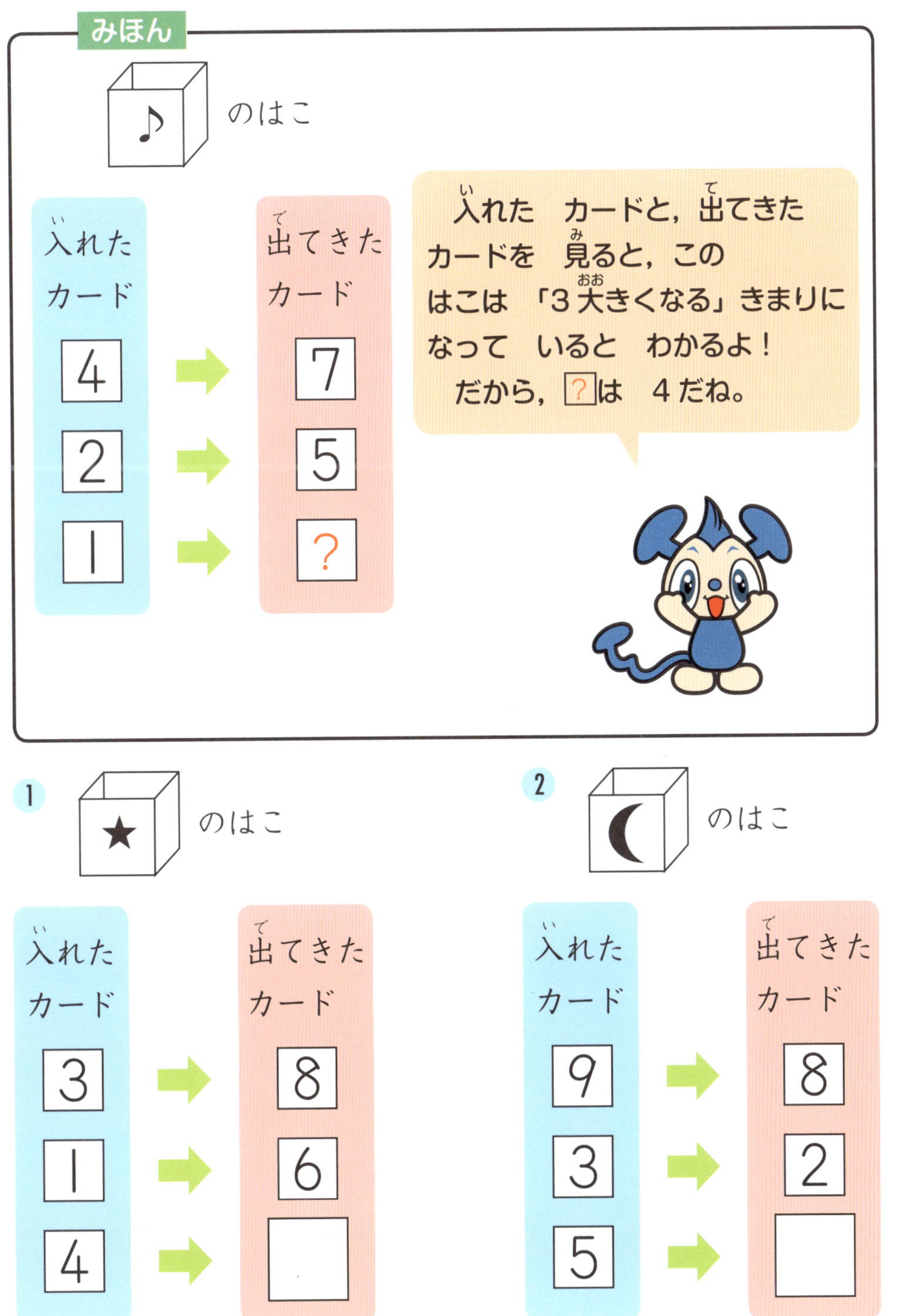

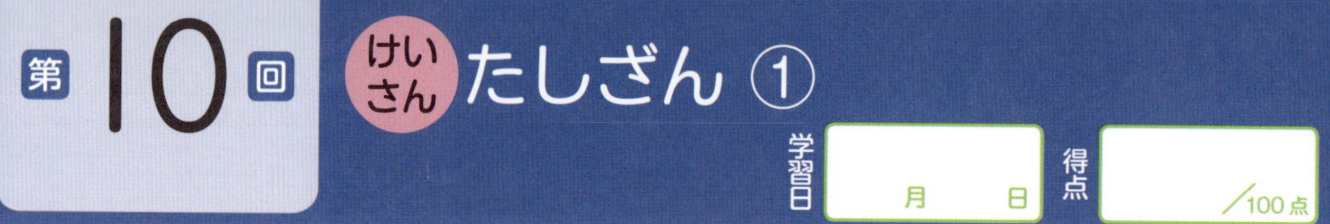

1 まん中(なか)の かずに まわりの かずを たして，こたえを □の 中(なか)に かきましょう。（□1つ5点）

やりかた

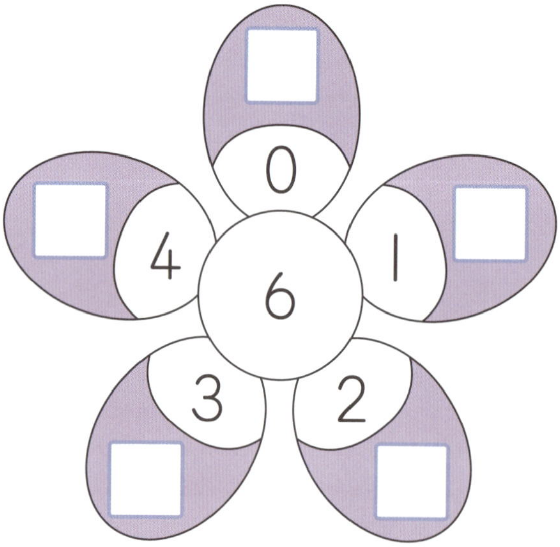

3＋2＝5 だから，5を かくよ。

（中：3　まわり：2→5，4→□，5→□，6→□，7→□）

（中：6　まわり：0→□，1→□，2→□，3→□，4→□）

2 けいさんを　しましょう。(1つ5点)

1. 1 + 3
2. 4 + 5
3. 6 + 2
4. 7 + 3
5. 0 + 4
6. 5 + 1
7. 7 + 0
8. 2 + 7
9. 5 + 5

3 こたえが　6に　なる　たしざんの　しきを　たくさん　かきましょう。(10点)

なんこ　かけたかな。

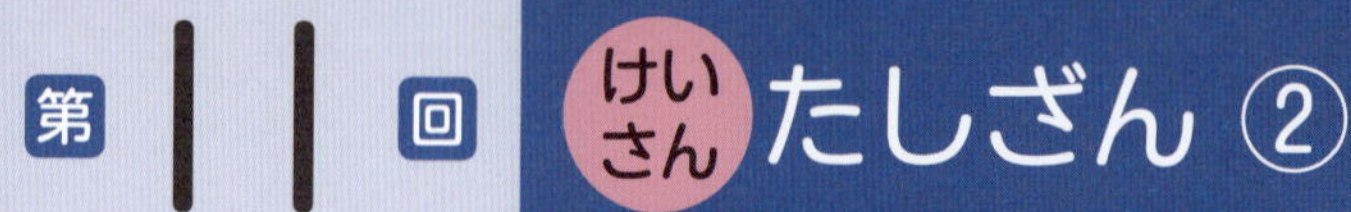

第11回 けいさん たしざん ②

学習日　月　日　得点　／100点

1 けいさんを　して，　こたえが　大(おお)きく　なる　ほうの（　　）に　○(まる)を　かきましょう。（1つ5点）

1 （　　） 7＋0　　2＋3 （　　）

2 （　　） 3＋6　　4＋2 （　　）

3 （　　） 5＋4　　5＋5 （　　）

2 こたえが　10に　なる　たしざんの　しきを　たくさん　かきましょう。（10点）

いろいろな　しきを　かいてみよう。

3 けいさんを　しましょう。(1つ5点)

1. $1 + 3 + 0$
2. $4 + 2 + 1$
3. $3 + 3 + 4$
4. $0 + 2 + 6$
5. $7 + 1 + 1$
6. $5 + 2 + 3$
7. $3 + 3 + 3$

4 □に　あてはまる　かずを　かきましょう。(1つ5点)

1. $1 + \square = 4$
2. $\square + 1 = 5$
3. $2 + \square = 3$
4. $\square + 6 = 8$
5. $\square + 5 = 7$
6. $9 + \square = 9$
7. $2 + 5 + \square = 10$
8. $4 + \square + 6 = 10$

第12回　ずけい　かたちを　うごかそう

1　□に　ある　えの　よこの　▌の　上に，かがみを　立てました。かがみに　うつった　えは　どう　なりますか。□の　中から　えらんで　（　　）に　○を　かきましょう。（１つ 20点）

やりかた

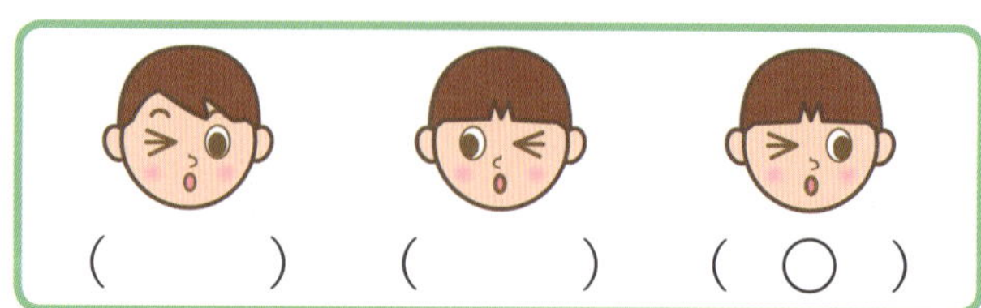

1

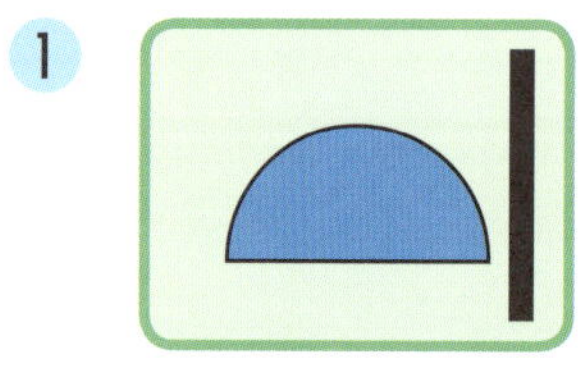

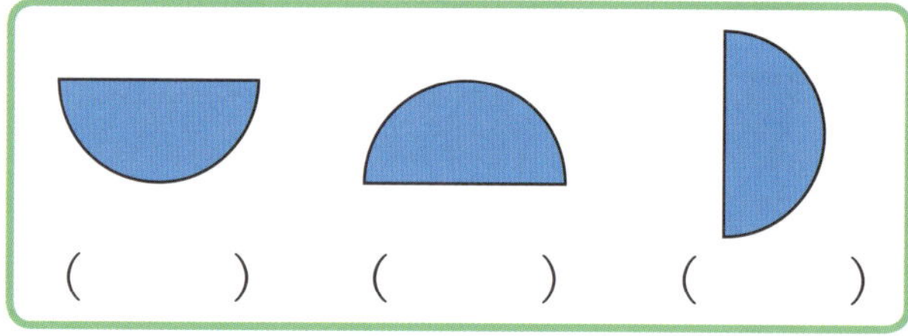

2

3

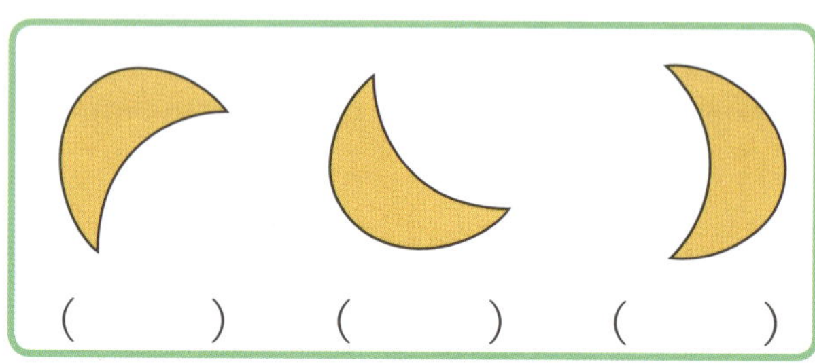

2　ぼうで　できた　かたちが　あります。ぼうを　2本　うごかして，あたらしい　かたちを　つくりました。

うごかした　ぼうの　ばんごうを　□に　かきましょう。

（1つ20点）

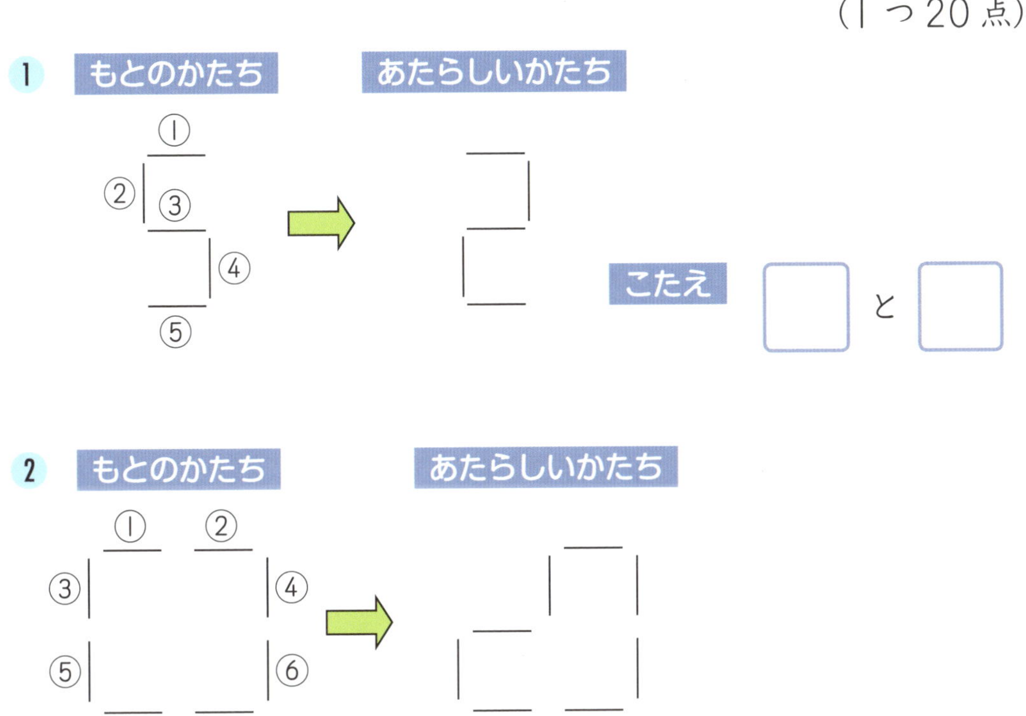

しって いたら かっこいい！　スプーンに　うつった　かたち

下の　えの　ように，きんぞくの　スプーンに　かたちを　うつすと，どんな　ふうに　見えるか，しって　いるかな？

上下も　さかさまに　なるんだよ！　やって　みてね。

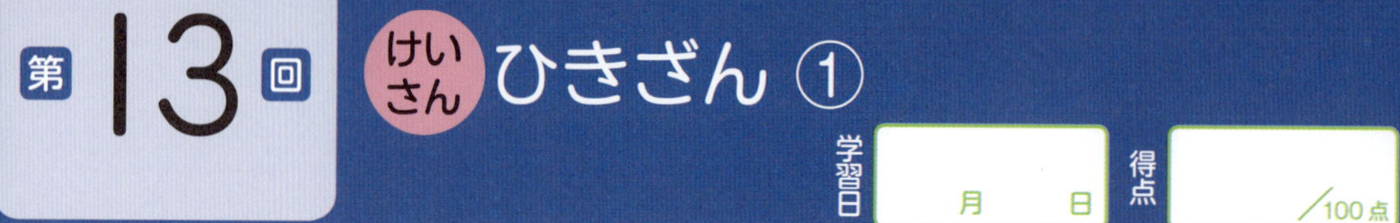

1 たてや よこに ならんで いる，2つの かずの ちがいが 2に なる ところを さがします。見(み)つけたら，2つの かずを ⬭で かこみましょう。（⬭1つ5点）

やりかた

(4	6)	7	1	10
9	1	3	4	8
5	0	9	2	5
5	3	8	3	6
4	10	6	2	0

2 けいさんを　しましょう。(1 つ 5 点)

1. 3 − 1
2. 5 − 2
3. 8 − 4
4. 7 − 3
5. 9 − 6
6. 10 − 8
7. 5 − 5
8. 1 − 0
9. 9 − 0
10. 0 − 0

3 0 から　10 までの　かずを　つかって，こたえが　3 に　なる　ひきざんの　しきを　たくさん　かきましょう。(20 点)

第14回 けいさん ひきざん ②

1 けいさんを　して　こたえが　大きく　なる　ほうの（　　）に　○を　かきましょう。（1つ2点）

1. （　　） 4 − 3　　7 − 2 （　　）
2. （　　） 9 − 3　　9 − 4 （　　）
3. （　　） 10 − 8　　5 − 0 （　　）

2 □に　あてはまる　かずを　かきましょう。（1つ4点）

1. 10 − 4 = □
2. 10 − 5 = □
3. 10 − 6 = □
4. 10 − 7 = □
5. 10 − 8 = □
6. 10 − 9 = □

ひくかずが　1ずつ　ふえて　いくと　こたえは　どうなって　いるかな？　気づいた　きみは　かっこいい！

3 けいさんを　しましょう。(1つ5点)

1. 8 − 1 − 5
2. 6 − 3 − 0
3. 10 − 2 − 8
4. 3 + 4 − 7
5. 1 + 9 − 4
6. 9 − 5 + 3
7. 7 − 2 + 5

4 □に　あてはまる　かずを　かきましょう。(1つ5点)

1. 7 − □ = 6
2. 4 − □ = 1
3. 10 − □ = 5
4. □ − 1 = 8
5. 9 − 7 − □ = 1
6. 3 + 5 − □ = 4
7. 6 − 4 + □ = 9

第15回 ずけい かたちで　あそぼう

1 □に　ある　えを　かいてんして，さかさまに
します。どんな　えが　できますか。□の　中(なか)から
えらんで，（　　　）に　○(まる)を　かきましょう。（1つ20点）

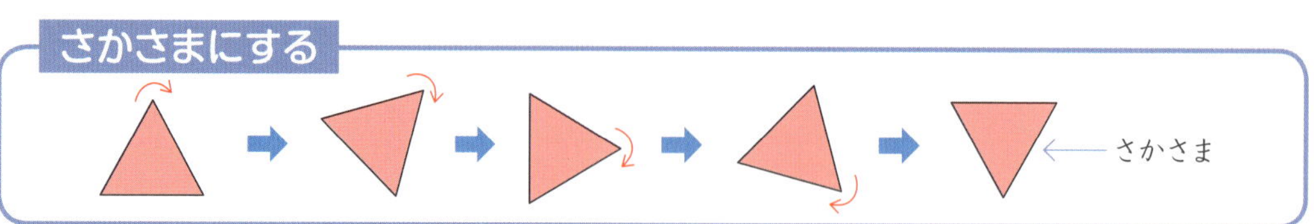

やりかた

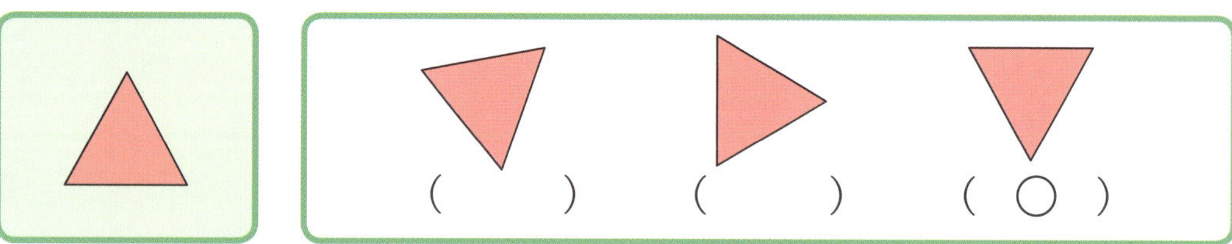

1

2

3

2 □に ある つみ木（き）を すきまなく はこに ならべます。ならべかたが わかるように せんを かきましょう。（1つ20点）

やりかた

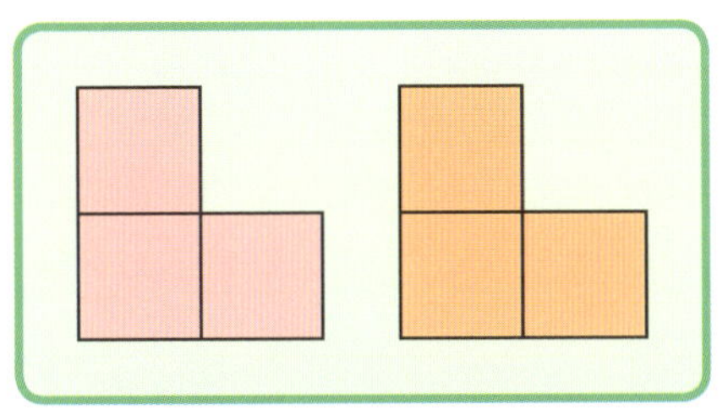

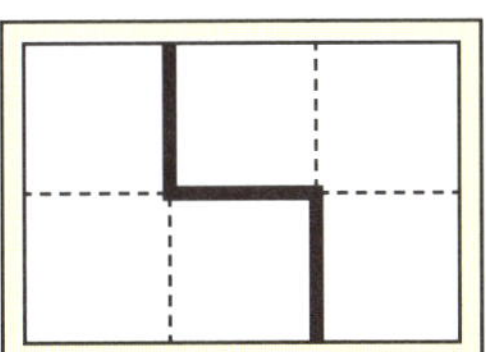

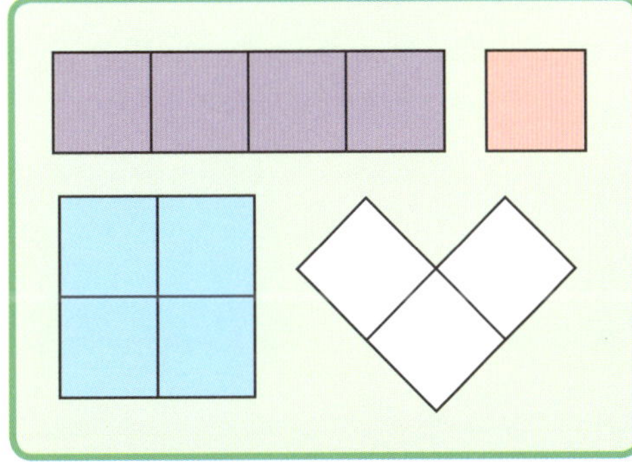

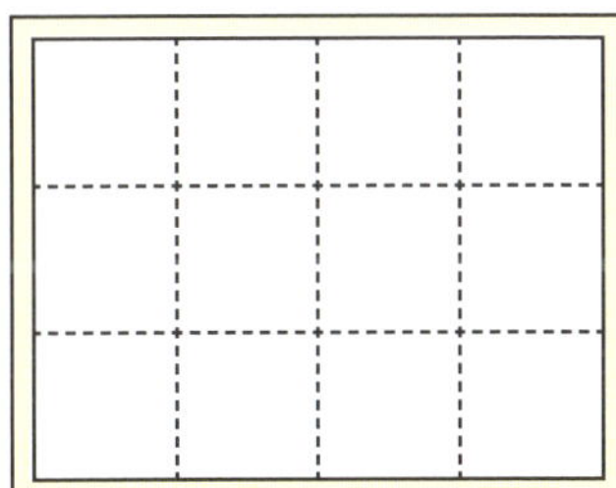

2

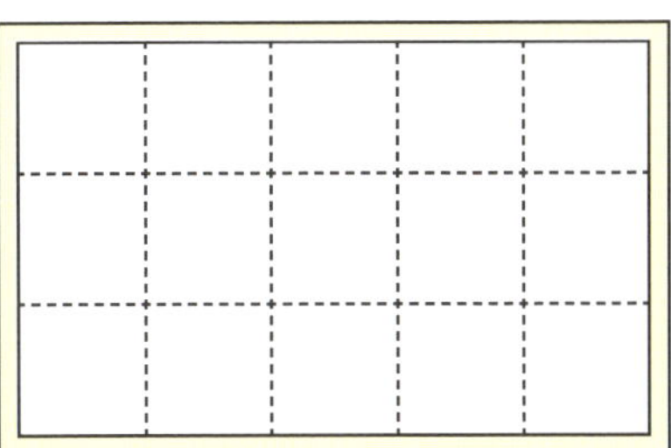

しってたら かっこいい！ **かたちの なまえ**

2つの □を くっつけて，できた かたちを ドミノと いうよ。3つの ばあいは，トリミノ。4つの ばあいは，テトロミノと いうよ。

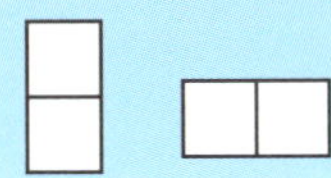

▲ ドミノ

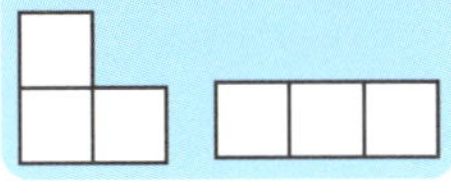

▲ トリミノ

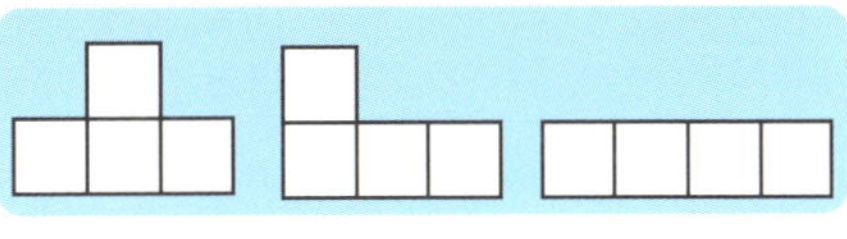

▲ テトロミノ

1　かずの　せんを　見(み)て　こたえましょう。

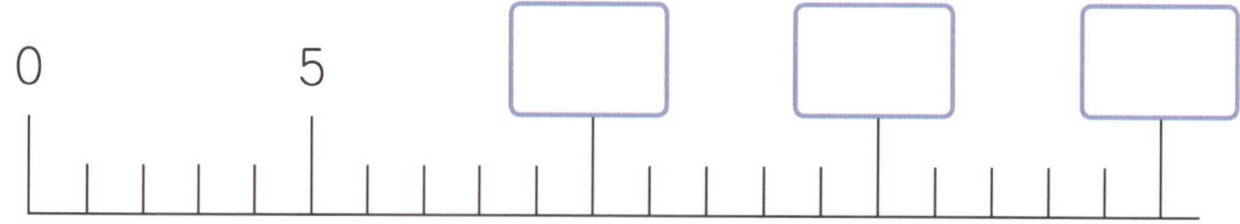

(1) かずの　せんの　□に　あてはまる　かずを　かきましょう。(□１つ５点)

(2) 上(うえ)の　かずの　せんで，１３の　いちに　↑１３を　かきましょう。(５点)

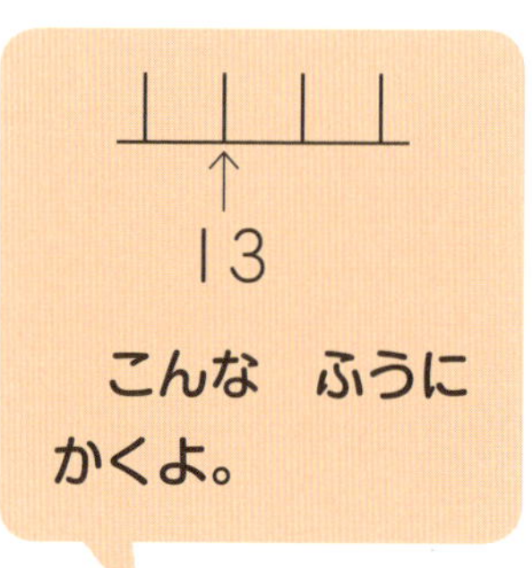

(3) 上(うえ)の　かずの　せんで，１７の　いちに　↑１７を　かきましょう。(５点)

(4) １３よりも　大(おお)きく，１７よりも　小(ちい)さい　かずは，なんこ　あるでしょう。(１０点)

こ

2 いちばん　大きい　かずの　(　　)に　○を
かきましょう。(１つ１０点)

❶ 3　0　7
(　　)(　　)(　　)

❷ 11　16　14
(　　)(　　)(　　)

❸ 18　9　15
(　　)(　　)(　　)

❹ 19　11　20
(　　)(　　)(　　)

3 こくばんに　かかれた　かずを　見て，□に　あてはまる
かずを　こたえましょう。(□１つ５点)

❶ かずの　小さい　じゅんに　ならべかえると

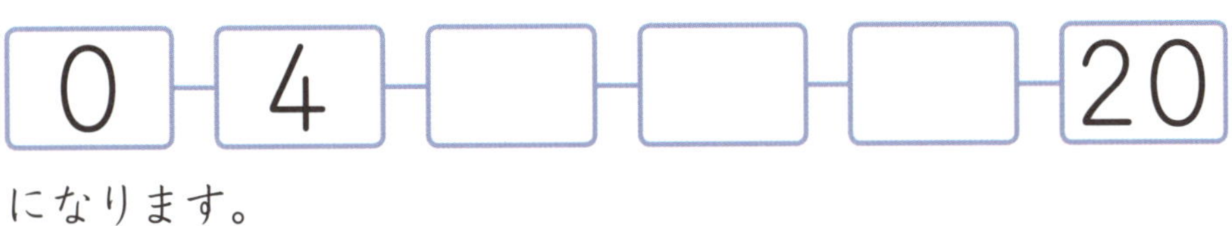

になります。

❷ 11より　大きく，19より　小さい　かずは
□ と □ です。

第17回

1　けいさんを　しましょう。（1つ5点）

❶ 10＋7　　❷ 6＋13

❸ 15－5　　❹ 16－10

❺ 18－4　　❻ 10＋10

❼ 11＋8－7

❽ 17－3－2

2　10から　スタートして，かずの　けいさんを　して いきます。□に　あてはまる　かずを　かきましょう。（□1つ5点）

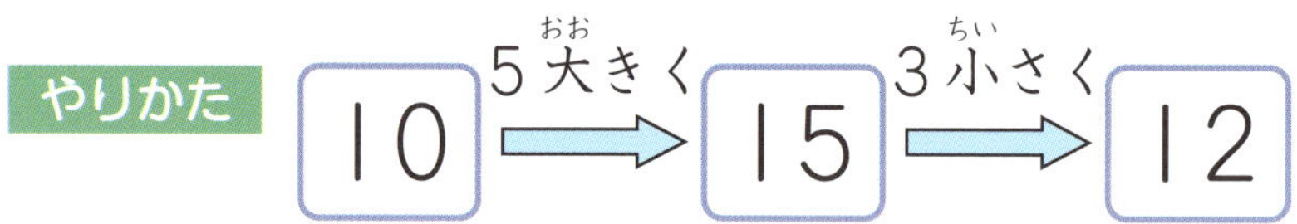

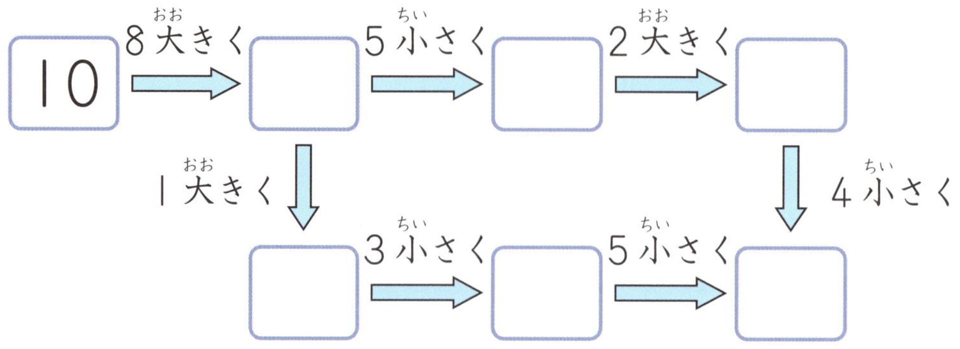

3 かずの　カードを　□に　あてはめて　正（ただ）しい　しきを　つくります。あてはめる　カードの　かずを　かきましょう。

（1つ10点）

やりかた

カード：3　5

しき：5 − 2 = 3

1　カード：14　19

しき：□ − 5 = □

2　カード：16　20

しき：□ + 4 = □

3　カード：2　10　12

しき：□ − □ = □

3は　こたえが
いくつか　あるよ。

1　おなじ　なかまの　かたちの　かずを　かぞえて，すう字（じ）で　こたえましょう。（□ 1 つ 10 点）

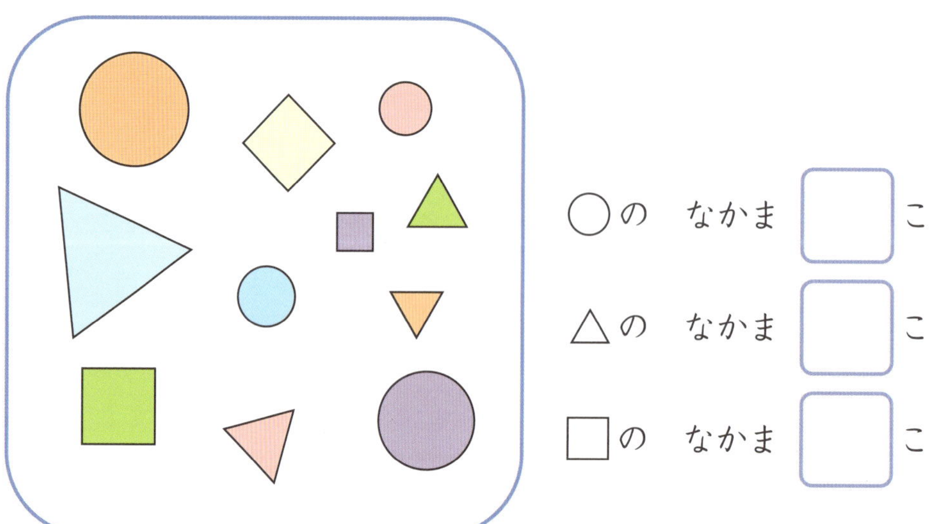

2　かたちを　見（み）て，せんの　かずを　すう字（じ）で　こたえましょう。（1 つ 10 点）

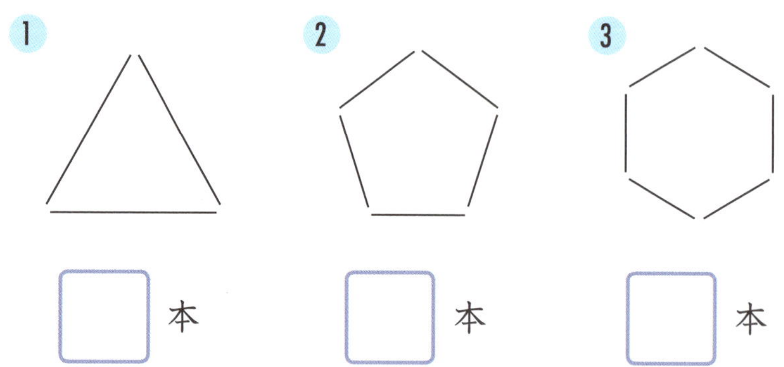

①　□ 本　②　□ 本　③　□ 本

3　つみ木の　かたちを　うつすと，どんな　かたちに　なるでしょう。かたちを　えらんで　なぞりましょう。（1つ5点）

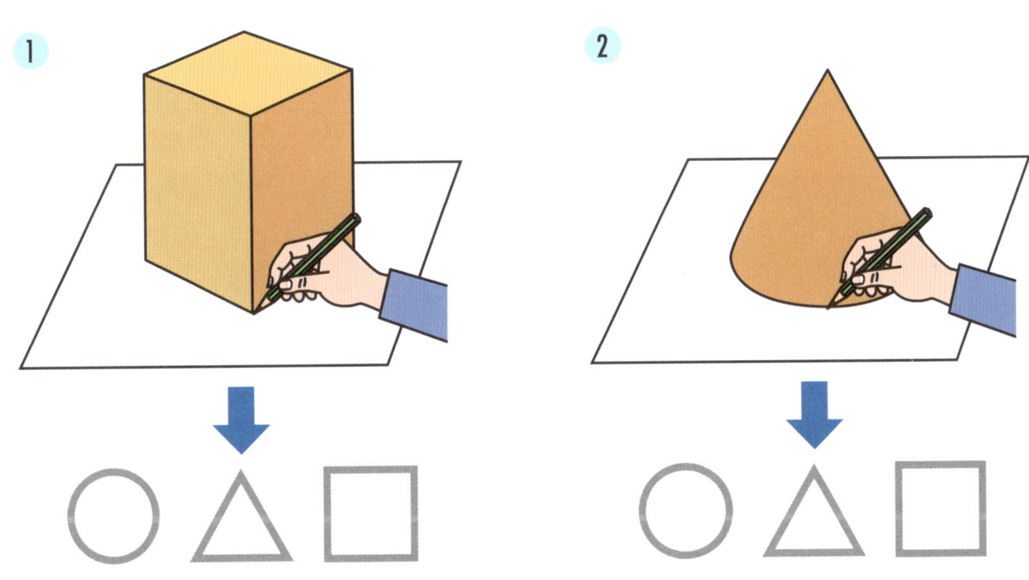

4　つみ木を　いろいろな　ほうこうから　見ます。どんな　かたちに　見えるでしょう。かたちを　えらんで　なぞりましょう。

（1つ10点）

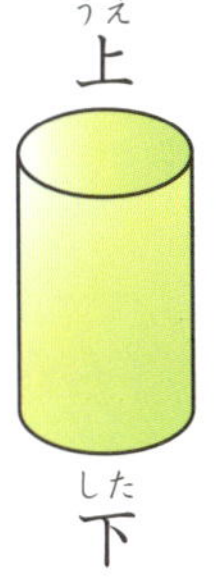

1　上から　見た　かたち

2　よこから　見た　かたち

3　下から　見た　かたち

第19回 ずけい いろいろな　かたち ②

学習日　　月　　日　得点　　／100点

1 もんだいを　よんで，こたえの（　　）に　○（まる）を　かきましょう。（1つ10点）

1　たおれやすいのは　どちらでしょう。

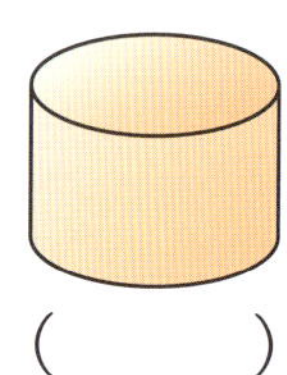
（　　）

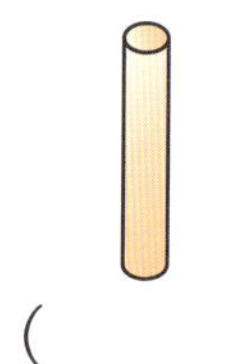
（　　）

2　おなじ　かたちを　つみあげやすいのは　どちらでしょう。

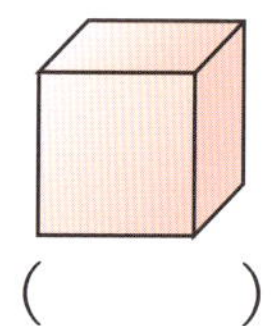
（　　）

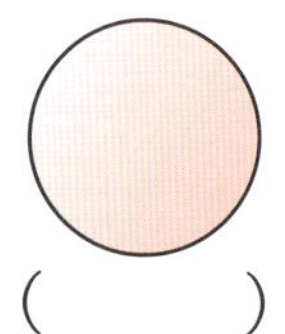
（　　）

3　ころがりやすいのは　どちらでしょう。

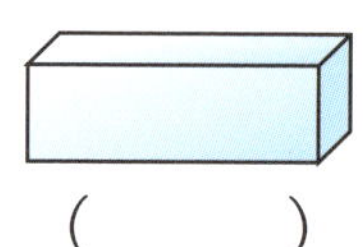
（　　）

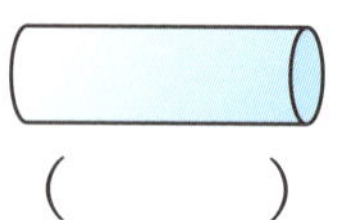
（　　）

4　ひょうめんを　ペンキで　ぬるとき，ひつような　ペンキの　りょうが　おおいのは　どちらでしょう。

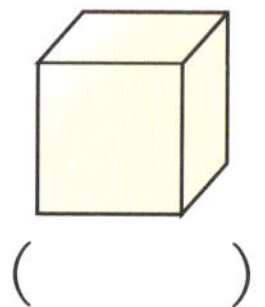
（　　）

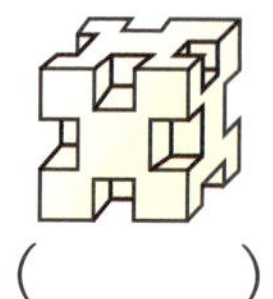
（　　）

2 かたち と 上から 見た ようす を せんで むすびましょう。
（1つ15点）

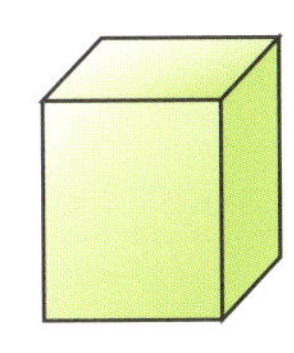

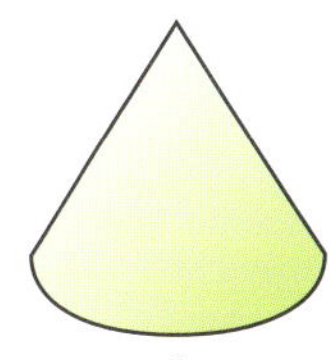

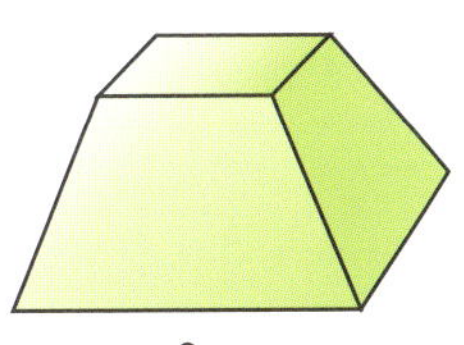

上から 見た ようす

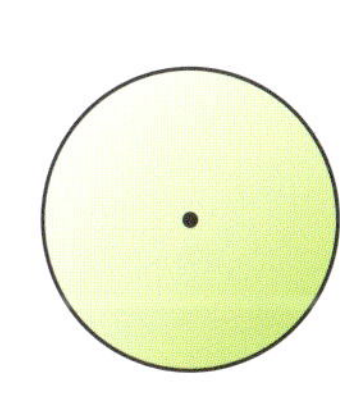

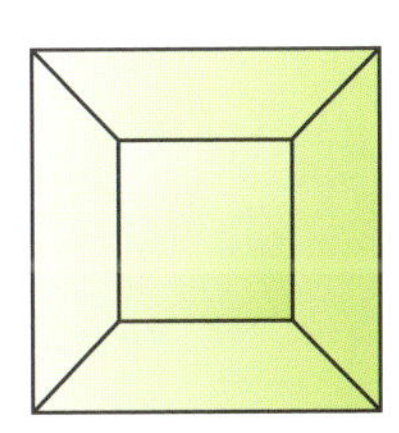

3 あるものを よこから かい中でんとうで てらしたところ，かげが できました。

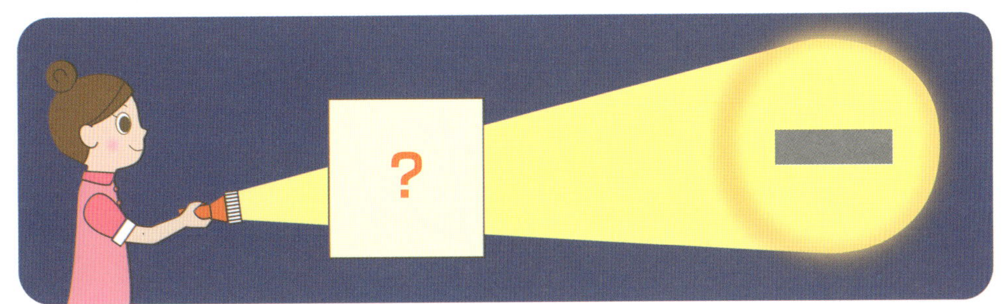

かい中でんとうで てらした ものの （　　） に ○を かきましょう。（15点）

（　　）

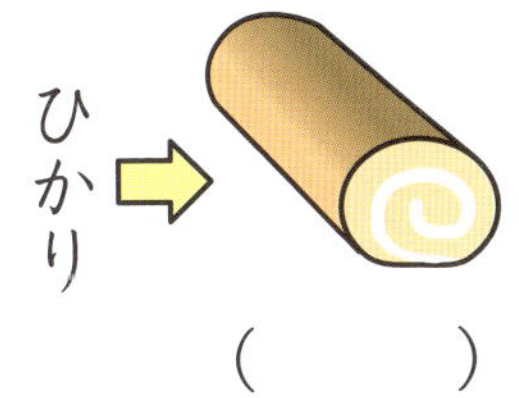

（　　）

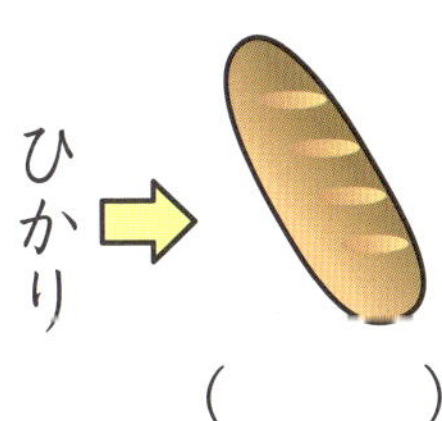

（　　）

第20回

1 けいさんを　しましょう。(1つ5点)

1. $6+8$
2. $7+4$
3. $5+7$
4. $3+9$
5. $8+5$
6. $9+2$
7. $9+9$
8. $6+7$
9. $4+3+8$
10. $9-4+6$
11. $8+9-7$
12. $6+6-2+10$

2　こたえが　13に　なるように　□に　あてはまる　かずを　かきましょう。（式1つ5点）

□ ＋ □ ＝ 13

□ ＋ □ ＝ 13

□ ＋ □ ＝ 13

□ ＋ □ ＝ 13

□ ＋ □ ＝ 13

□ ＋ □ ＝ 13

□ ＋ □ ＋ □ ＝ 13

□ ＋ □ ＋ □ ＝ 13

いろいろな　たしざんが　かんがえられるね。

まず，1つの　□に　13より　小さい　かずを　あてはめよう！　それから，ほかの　□に　あてはまる　かずを　かんがえると　いいね！

けいさん ひきざん ③

1 まん中(なか)の かずから そとがわの かずを ひいて，
こたえを □の 中(なか)に かきましょう。(□1つ2点)

やりかた では，
13 − 3 = 10
だから 10 を
かくよ。

ひく かずに
ちゅういしよう。

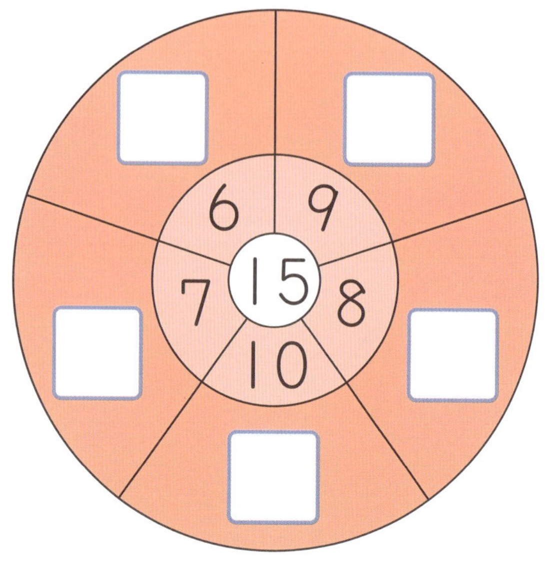

2 けいさんを しましょう。（１つ５点）

1. $13-6$
2. $11-2$
3. $18-9$
4. $16-8$
5. $14-5$
6. $15-7$
7. $17-9$
8. $20-1$
9. $10+6-7$
10. $12-8+3$
11. $11-5-4$

3 □に あてはまる かずを かきましょう。（□１つ５点）

1. $15-\square=9$
2. $13-\square=8$
3. $\square-9=7$
4. $\square-6=6$
5. $17-\square-4=5$

第22回 けいさん ずけい きまりを 見(み)つけよう ②

学習日　月　日　得点　／100点

1 ならびかたの　きまりを　かんがえて，□に　あてはまる かたちを　かきましょう。（1つ10点）

1 

2 ◑◑●◑◑●◑□●◑◑●

3 

2 ならびかたの　きまりを　かんがえて，□に　あてはまる かずを　かきましょう。（1つ10点）

1 10　9　8　7　□　5　4　3　2　1

2 2　4　6　□　10　12　14　16　18　20

3 1　2　3　1　2　3　□　2　3　1　2　3

4 21　19　17　15　□　11　9　7　5　3　1

3 ［　］の 中(なか)の かたちの かわりかたを かんがえて，おなじ かわりかたを して いる ものの （　　）に ◯(まる)を かきましょう。(１つ１０点)

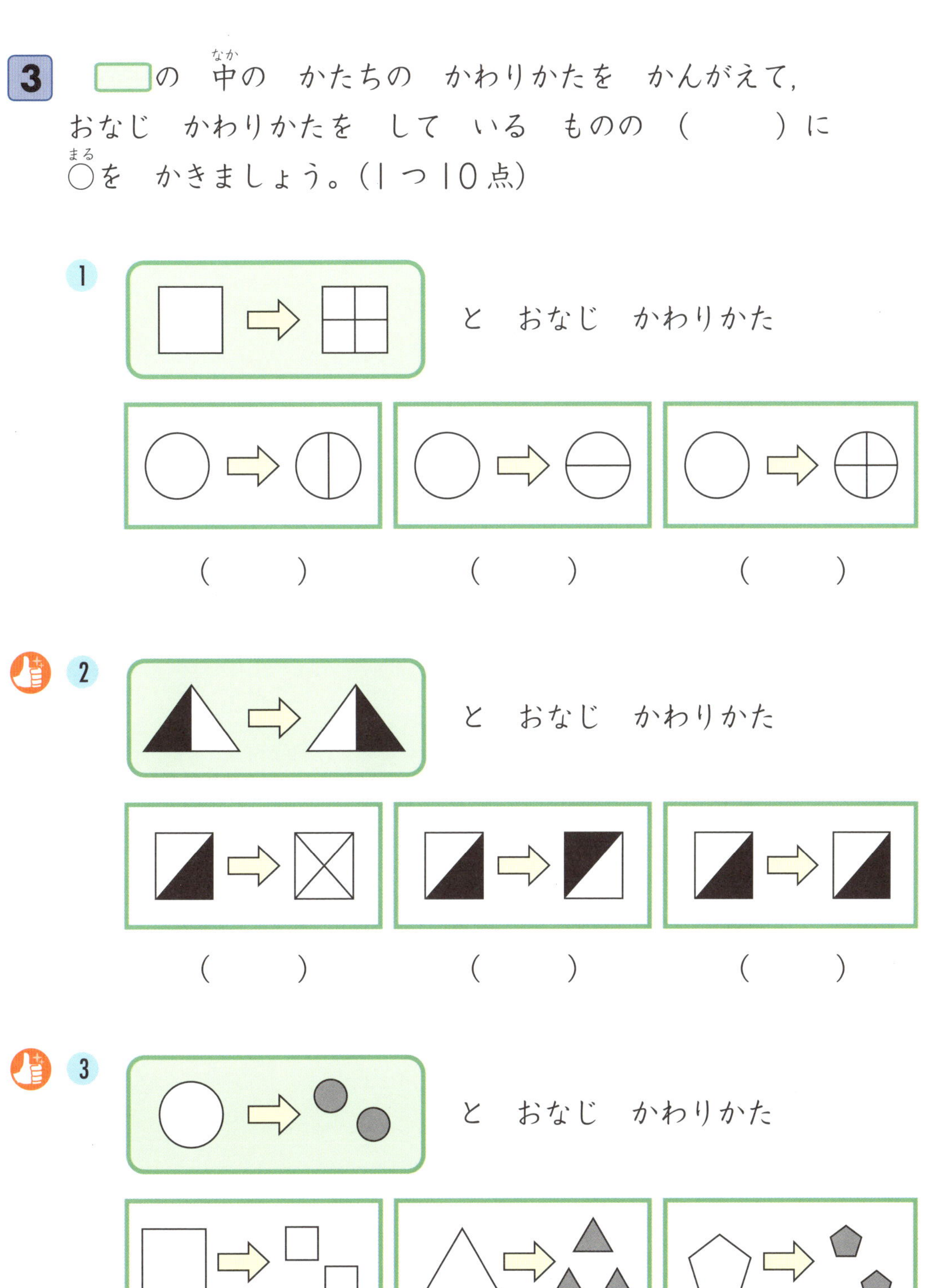

第23回 ずけい ながさと　かさ

学習日　　月　　日　得点　　／100点

1 どちらが　ながいでしょう。ながい　ほうの（　　）に　○(まる)を　かきましょう。(1つ20点)

1
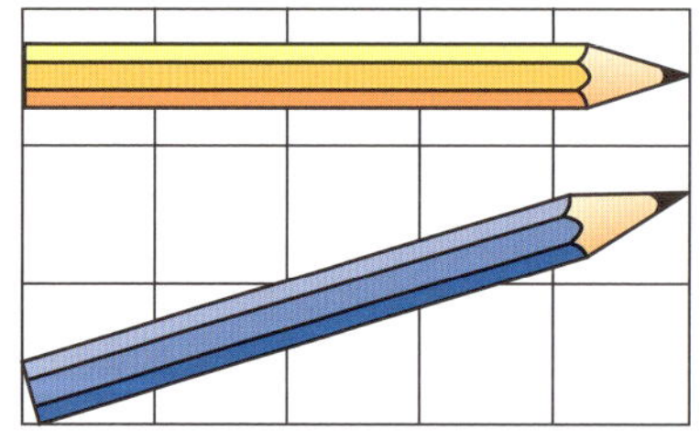
(　　)
(　　)

2
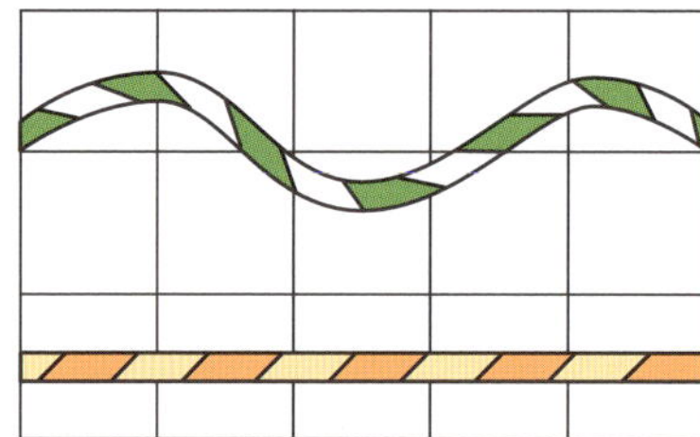
(　　)
(　　)

3
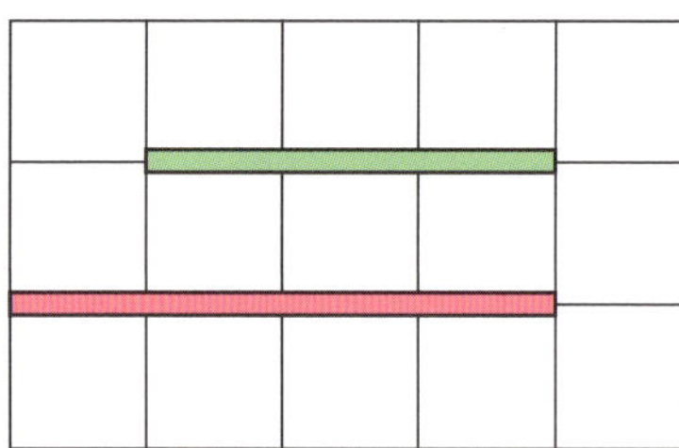
(　　)
(　　)

4
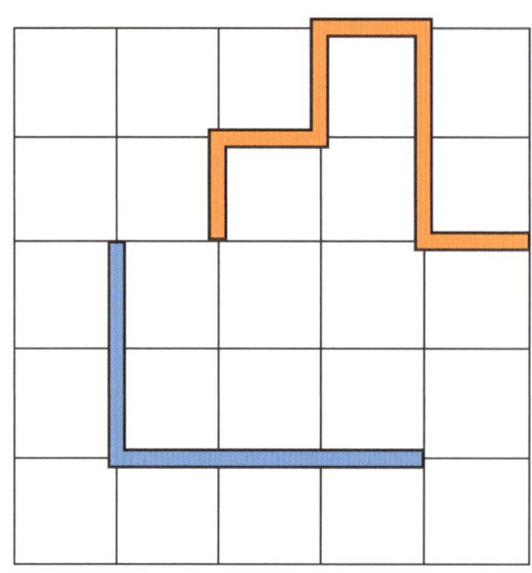
(　　)
(　　)

2　ぶどうジュースと　みかんジュースが　おなじだけ
あります。

ぶどうジュースを　けんたさんの　コップに　入れると，
ぶどうジュースが　あまりました。

みかんジュースを　まゆみさんの　コップに　入れると，
みかんジュースが　あまりました。

あまった　ぶどうジュースの　ほうが，あまった
みかんジュースよりも　おおいです。

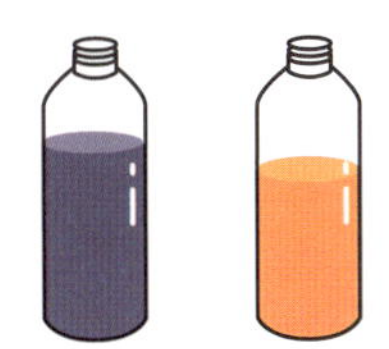

ジュースが　おおく　入る　ほうの　（　　　）に　○を
かきましょう。(20 点)

（　　　）（　　　）

第24回 ずけい ひろさ

1 どちらが　ひろいでしょう。ひろい　ほうの　(　　)に　◯(まる)を　かきましょう。(1つ10点)

1

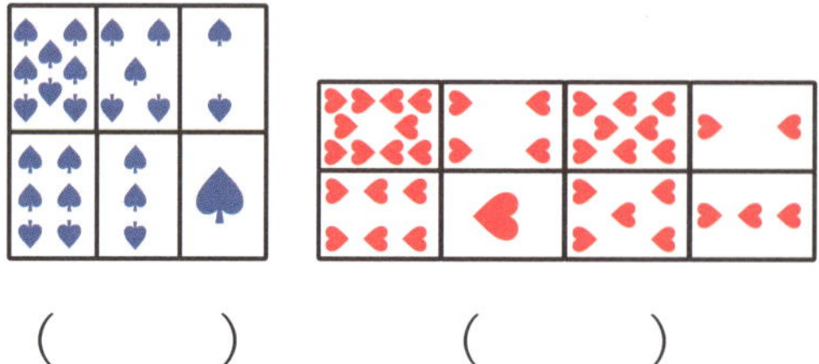

(　　)　(　　)

2

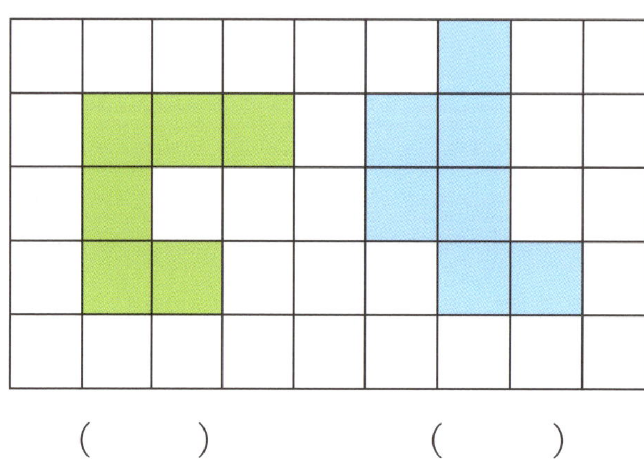

(　　)　(　　)

 3

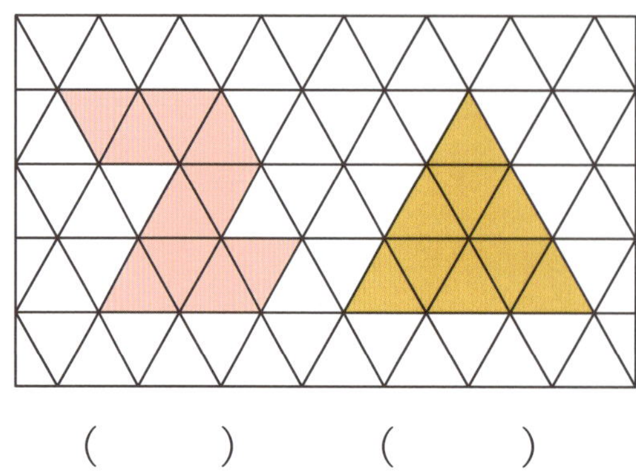

(　　)　(　　)

2 えを 見(み)て，こたえましょう。

1 いろを ぬって ある ところが，もとの ひろさの はんぶんに なって いる えの （　　）に ○(まる)を かきましょう。(20点)

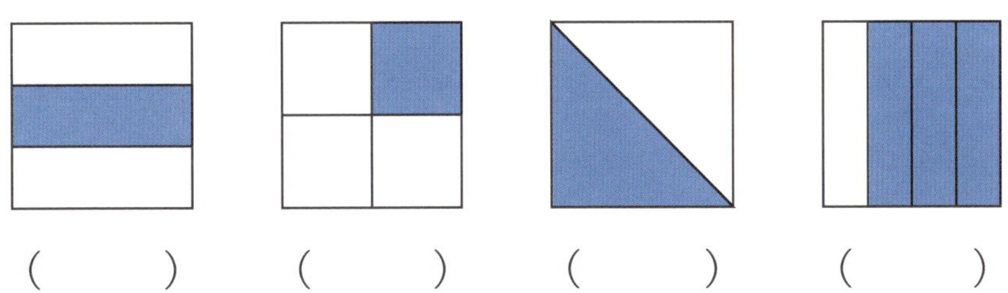

（　　）　（　　）　（　　）　（　　）

2 いろを ぬって ある ところが，いちばん ひろい えの （　　）に ○(まる)を かきましょう。(25点)

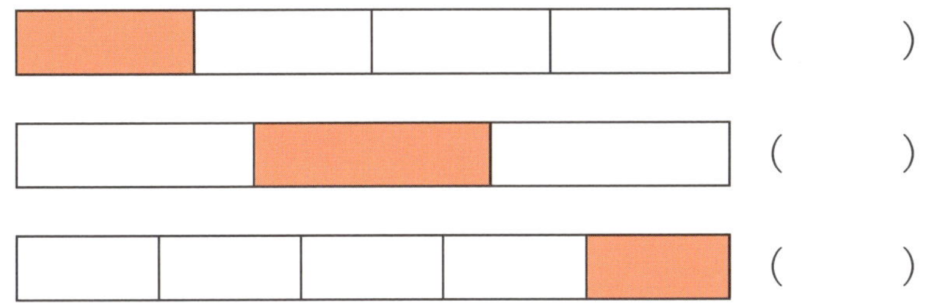

（　　）
（　　）
（　　）

3 いろを ぬって ある ところが，いちばん せまい えの （　　）に ○(まる)を かきましょう。(25点)

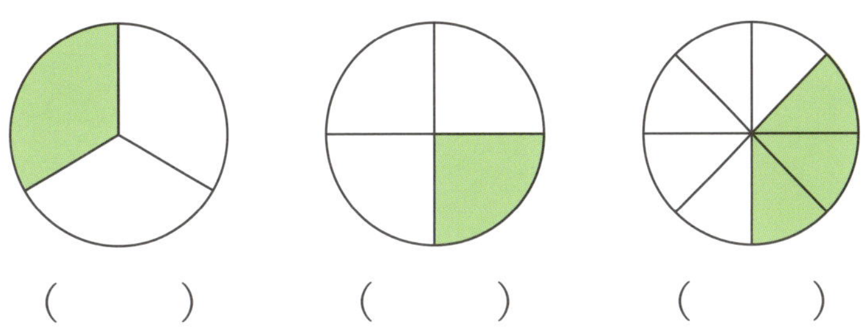

（　　）　（　　）　（　　）

第25回 けいさん 大きい（おお） かず ①

学習日　　月　　日　　得点　　／100点

1 10の　かたまりを　つくって　かぞえましょう。かずは □に かきましょう。（1つ5点）

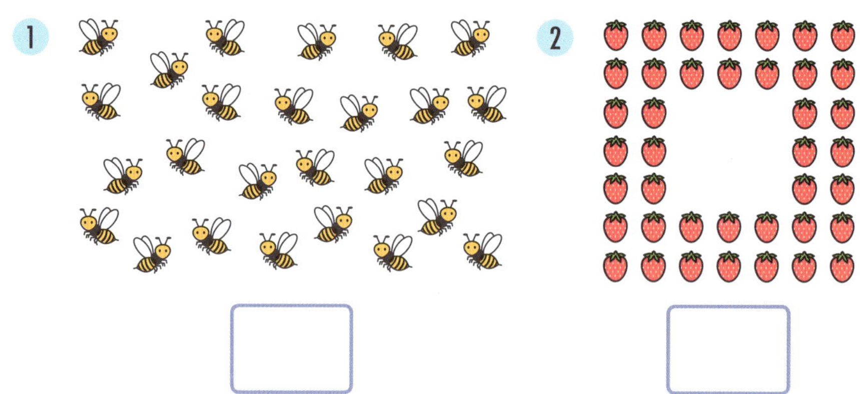

① □　② □

2 □に　あてはまる　かずを　かきましょう。（□1つ5点）

① 10が □ こで　80です。

② 10が　5こと　1が　6こで □ です。

③ 10が □ こと　1が □ こで　82です。

④ 10が　10こで □ です。

⑤ 90と □ で　100です。

⑥ 70と □ で　100です。

⑦ 20と □ で　100です。

3 かずの　せんを　見(み)て　こたえましょう。

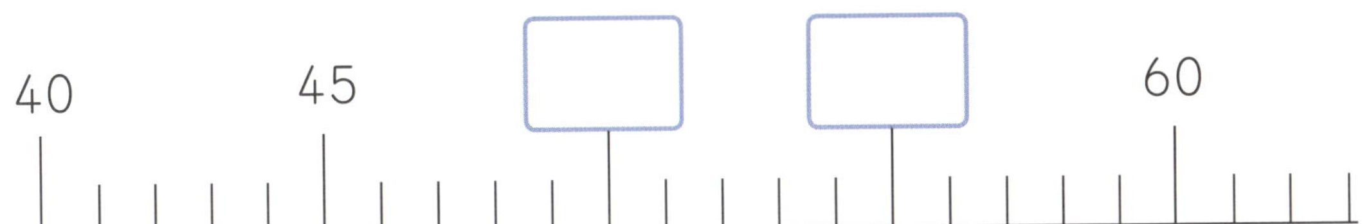

1 かずの　せんの　□に　あてはまる　かずを　かきましょう。（□１つ５点）

2 60より　２大(おお)きい　かずは　□　です。（10点）

3 50より　５小(ちい)さい　かずは　□　です。（10点）

4 45と　55の　まん中(なか)の　かずは　□　です。（10点）

5 45より　大(おお)きく　55より　小(ちい)さい　かずは　□　こ　あります。（10点）

これができるとかっこいい！

5を　とく　ときは，まず，45の　目(め)もりに　しるしを　つけるよ。つぎに，55の　目(め)もりに　しるしを　つけよう。あとは，しるしを　つけた　目(め)もりの　あいだに　ある，目(め)もりの　かずを　かぞえれば　いいね！

第26回 けいさん 大きい かず ②

1 かずが 小さい ものから じゅんばんに，（　　）に 1，2，3の ばんごうを かきましょう。（1つ5点）

❶ 31 38 35
（　　）（　　）（　　）

❷ 45 23 68
（　　）（　　）（　　）

❸ 67 54 57
（　　）（　　）（　　）

❹ 101 110 98
（　　）（　　）（　　）

2 かずが かかれた カードが あります。カードを 見て，□に あてはまる かずを かきましょう。

14	56	32	9	20	2

❶ かずが 小さい じゅんに ならべかえると

2					56

に なります。（10点）

❷ 5より 大きく 30より 小さい かずの カードは

□と □と □です。（10点）

3 かずの　せんを　見て　こたえましょう。（□ 1つ10点）

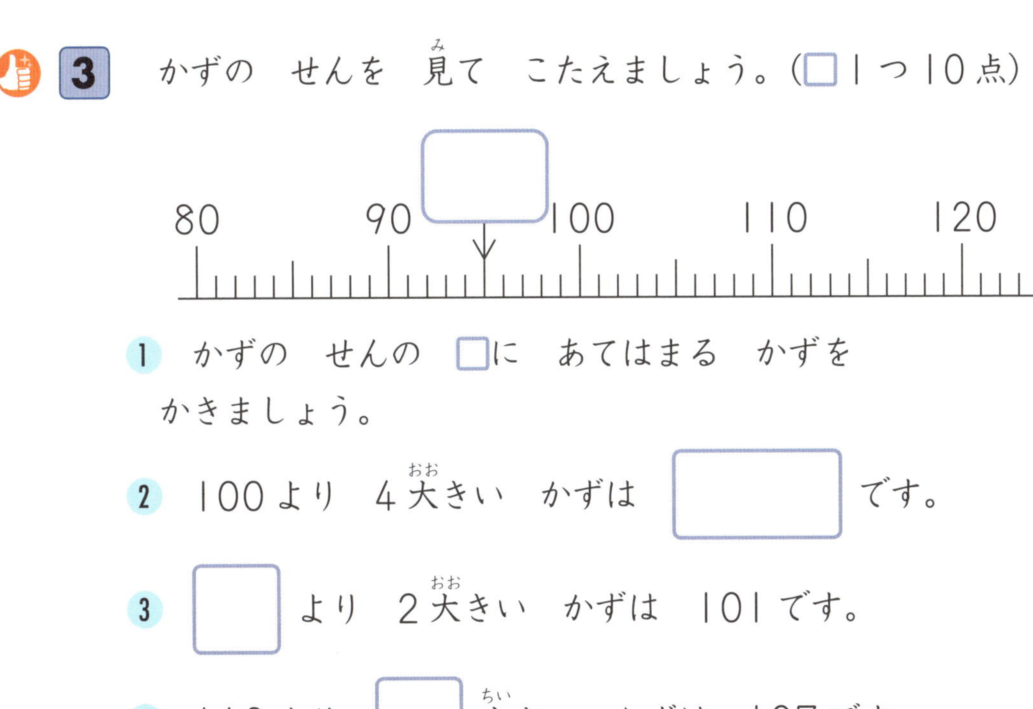

1 かずの　せんの　□に　あてはまる　かずを　かきましょう。

2 100より　4大きい　かずは　□　です。

3 □　より　2大きい　かずは　101です。

4 110より　□　小さい　かずは　107です。

5 95と　105の　まん中の　かずは　□　です。

6 105より　大きく　115より　小さい　かずは　□　こ　あります。

しってたら かっこいい！　大きい　かず

100よりも　大きい　かずに　1000（いっせん）や　10000（いちまん）が　あるよ。こんなふうに　0を　つけて　いくと，どんどん　大きい　かずを　つくれるよ。

10　100　1000　10000　100000　1000000　…

大きい　かずの　ことは，2年生や　3年生で　べんきょうして　いくよ。たのしみに　して　いてね！

第27回 ずけい パズルに ちょうせん！

1 ジグソーパズルを つくって います。あと，どれを あてはめれば かんせいするでしょう。あてはまる （ ） に ◯を かきましょう。（1つ20点）

①

（ ） （ ）

（ ） （ ）

②

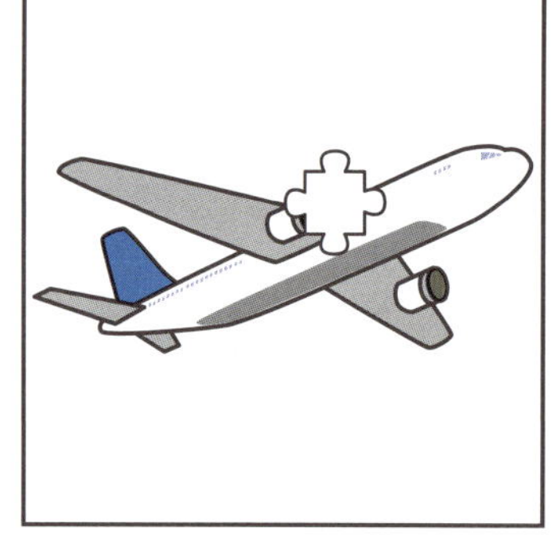

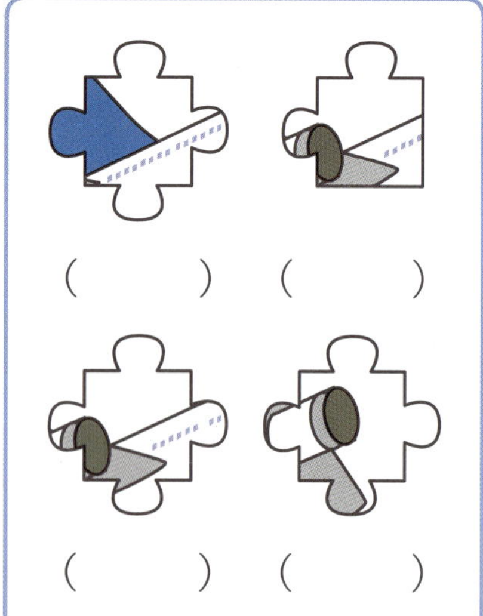

（ ） （ ）

（ ） （ ）

かたちは あって いるかな？

2　９まいの　カードが　あります。カードを　正しく　ならべると，１まいの　えに　なります。
正しい　ことを　いって　いる（　　）に　○を　かいて，まちがった　ことを　いって　いる（　　）に　×を　かきましょう。（１つ20点）

うさぎは　ぼうしを　かぶって　います。　（　　）

犬は　りんごを　もって　います。　（　　）

ねこの　くつには　花の　もようが　かいて　あります。　（　　）

第28回 けいさん 大(おお)きい かずの けいさん

学習日 月 日　得点 ／100点

1 けいさんを しましょう。（1つ5点）

1. 30 + 40
2. 60 − 30
3. 50 + 8
4. 9 + 20
5. 74 − 4
6. 103 − 3
7. 82 + 7
8. 45 − 2
9. 100 + 26
10. 157 − 57
11. 99 + 1
12. 72 + 10
13. 130 − 30 + 15
14. 62 + 4 − 10
15. 100 − 1 − 40
16. 98 + 2 + 72

2　こたえが　おなじに　なる　ものどうしを　せんで
むすびましょう。(1つ5点)

15−9+3 •	• 60 − 40
8+2+10 •	• 100−0+13
78 − 6 •	• 20+49−60
6+7+100 •	• 10−8+70

けいさんを　したら　あいて　いる
ところに　こたえを　かいて　おくと
いいよ。むずかしい　もんだいを
すいすい　とけると　かっこいいね！

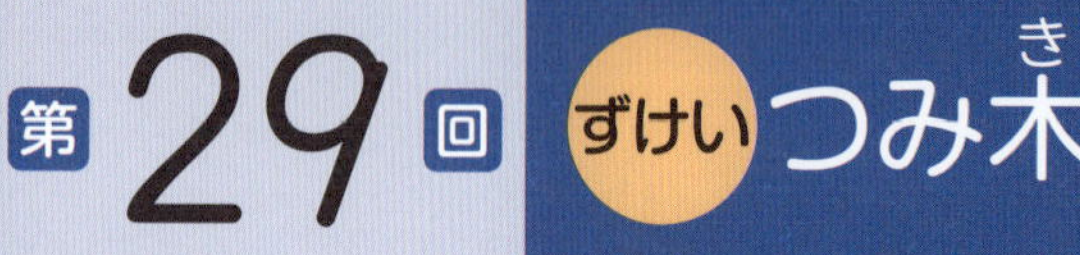

第29回 ずけい つみ木の　かず

学習日　月　日　得点　／100点

1　つみ木を　つんで　いろいろな　かたちを　つくりました。つかった　つみ木の　かずを　かきましょう。（1つ10点）

① 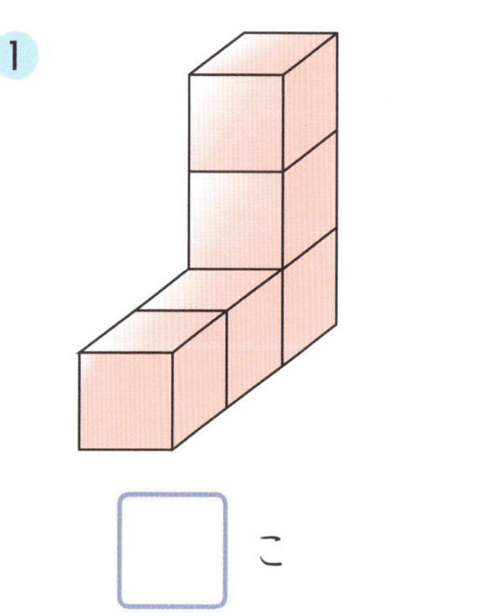

□こ

② 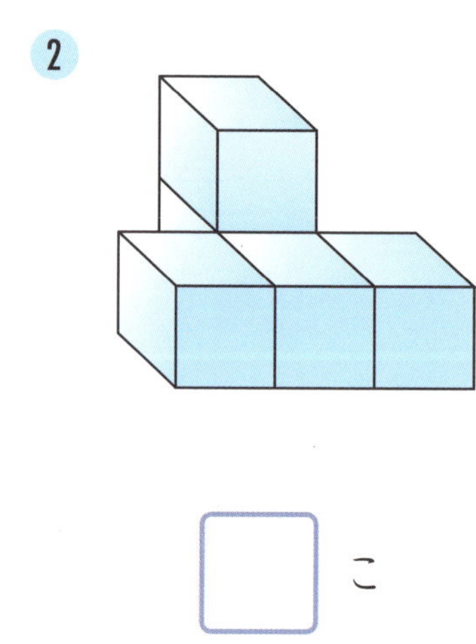

□こ

2　かべに　そって　つみ木を　つみました。つかった　つみ木の　かずを　かきましょう。（1つ10点）

①　②

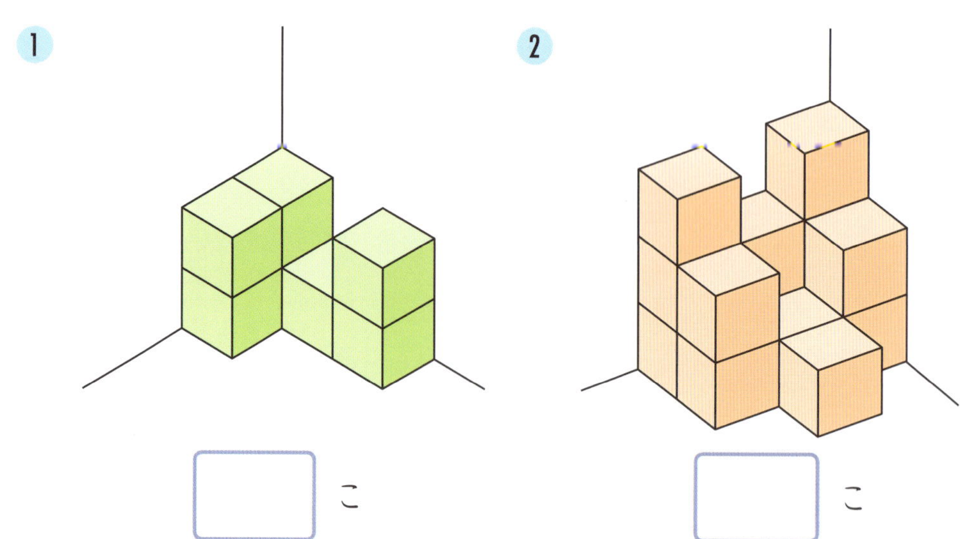

□こ　□こ

3 つみ木を　つんで　いろいろな　かたちを　つくりました。
➡の　ほうこうから　見ると，どのような　かたちに
見えるでしょう。あてはまる　（　　　）に　○を　かきましょう。

（1つ20点）

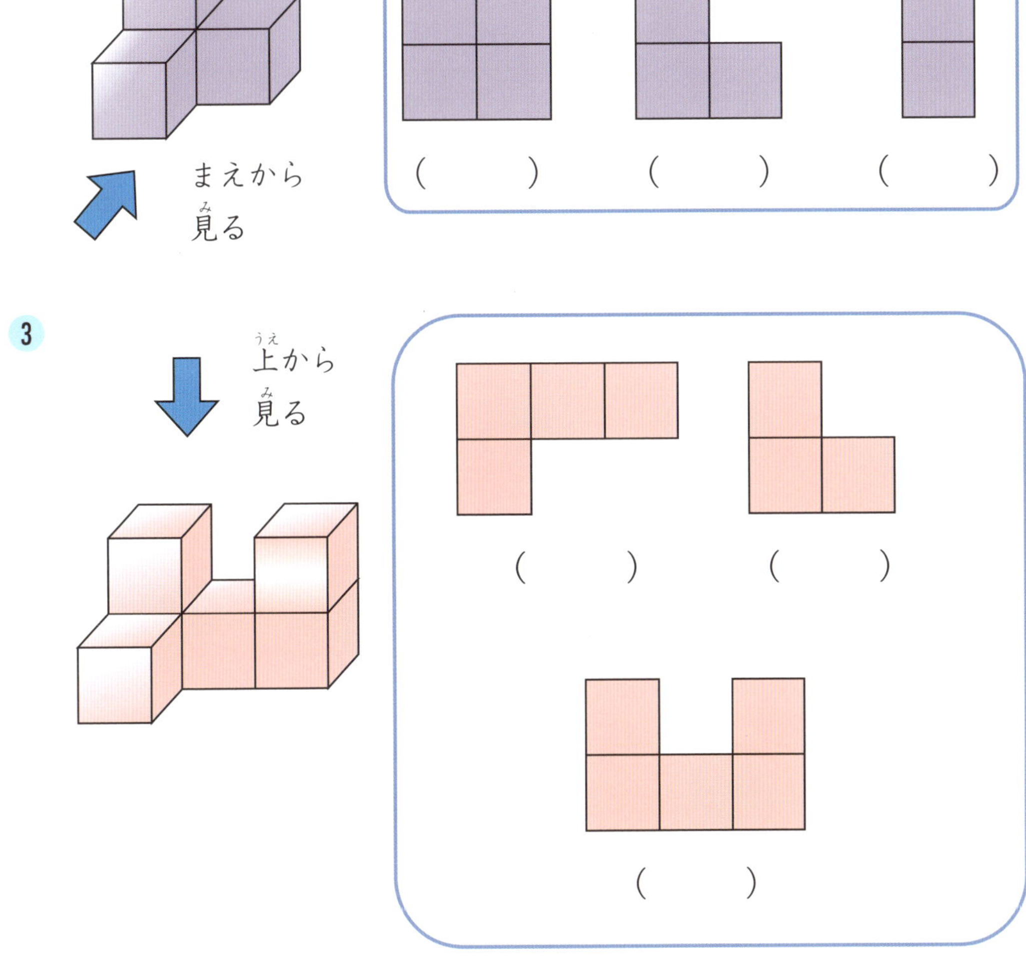

ずけい そうぞうしよう ①

1 □に ある，えが かかれた 2まいの うすい かみを ぴったり かさねます。どんな えが できますか。□の 中(なか)から えらんで，（　　）に ○(まる)を かきましょう。（1つ10点）

①

（　　）（　　）（　　）

②

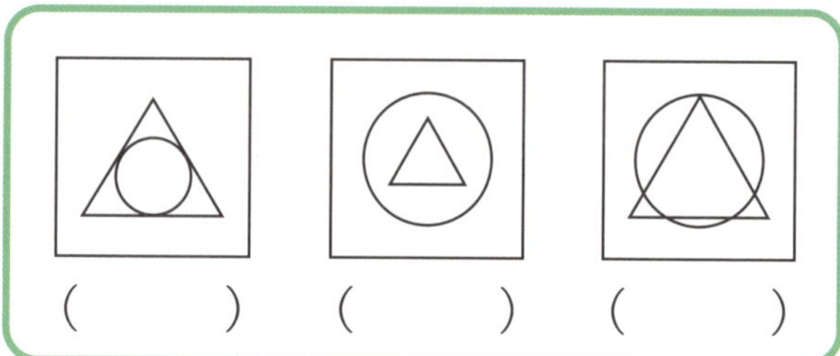

（　　）（　　）（　　）

③

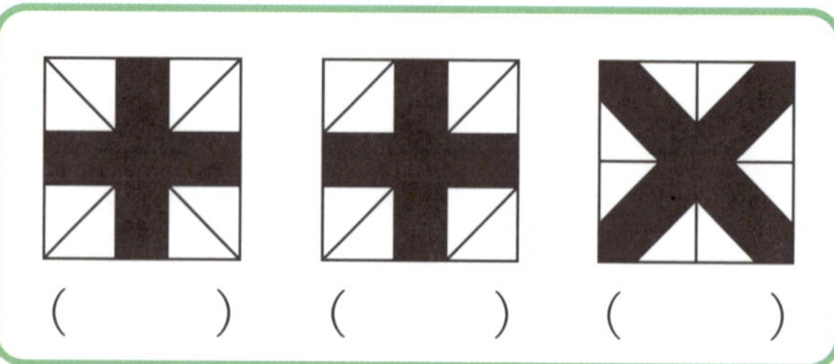

（　　）（　　）（　　）

④

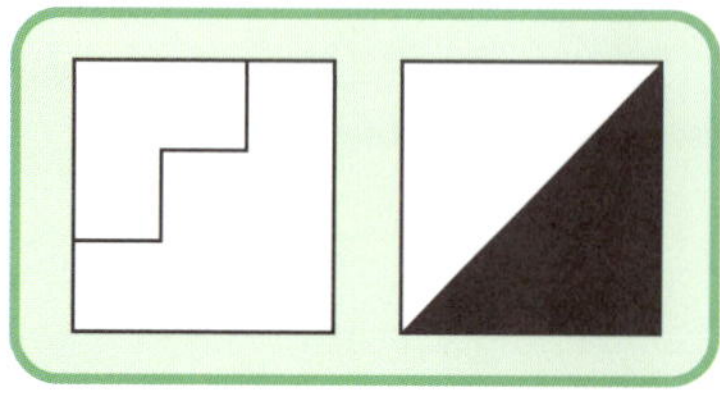

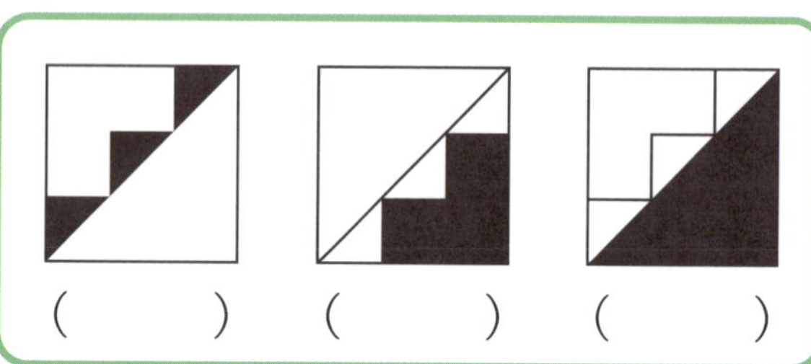

（　　）（　　）（　　）

2 おりがみを ------- の ところで おります。おった あとの かたちの （　　） に ○（まる）を かきましょう。（1つ20点）

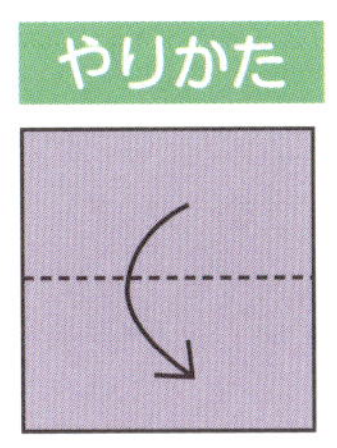

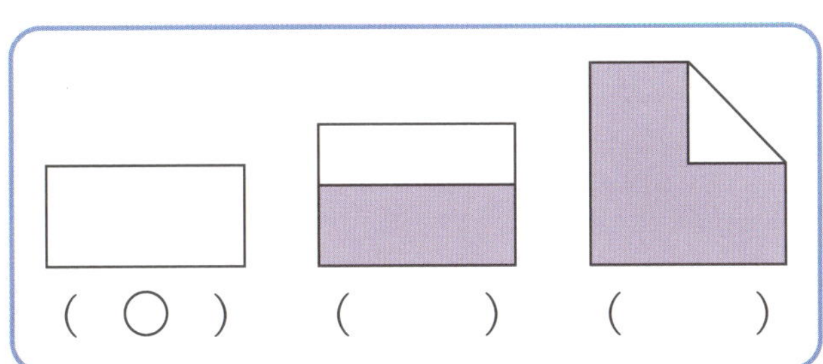

1

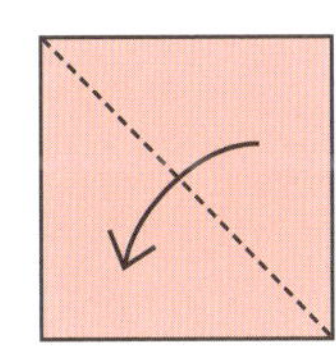

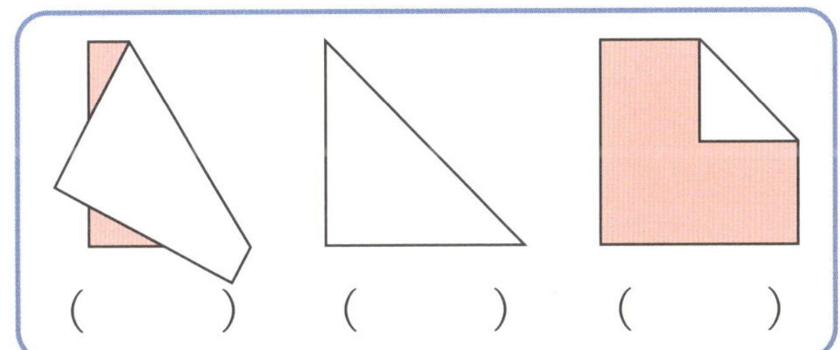

2

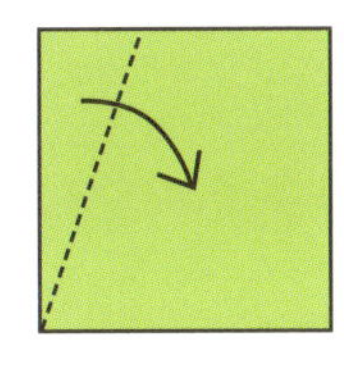

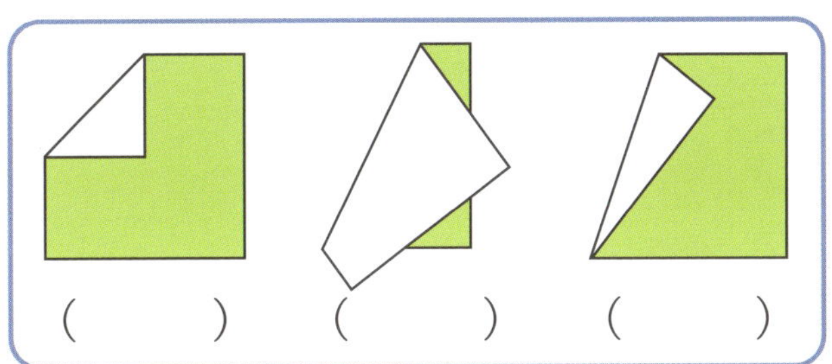

3

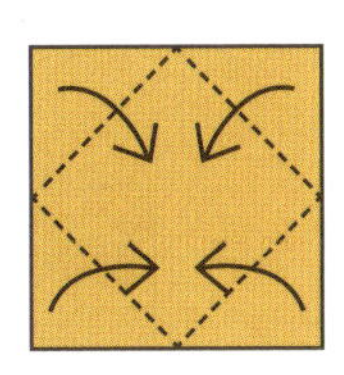

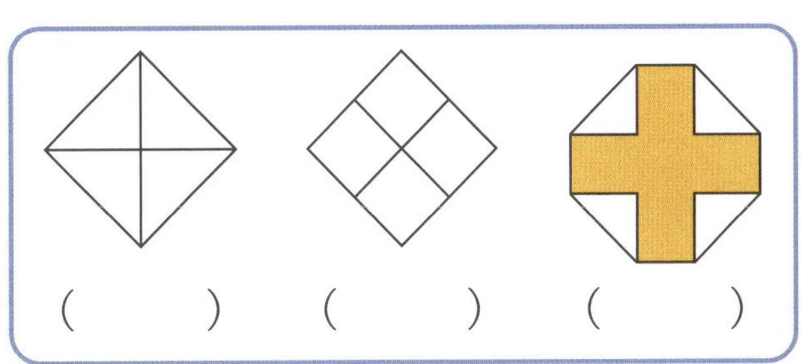

第31回　ずけい　そうぞうしよう ②

1　えが　かいて　ある　カードと，あなが　空(あ)いて　いる　カードが　あります。カードを　かさねた　とき，どの　えが　見(み)えるでしょう。あてはまる　（　　）に　○(まる)を　かきましょう。（1つ25点）

① の 上(うえ)に を かさねる

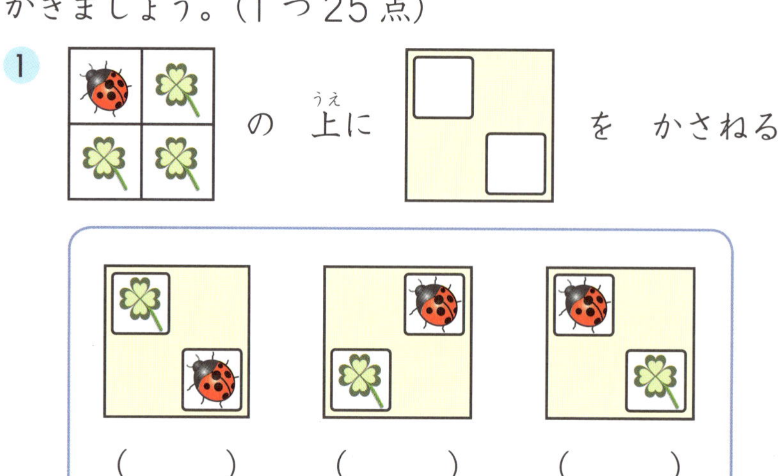

② の 上(うえ)に を かさねる

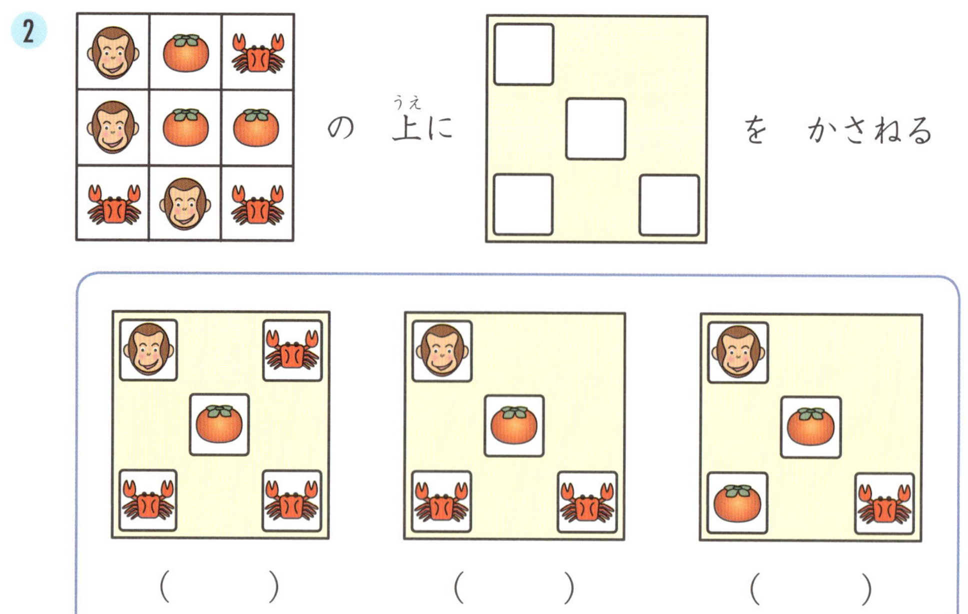

2 かみを　おって，▦を　きりおとしました。のこった ぶぶんを　ひろげると，どのような　かたちに　なるでしょう。あてはまる　（　　）に　○（まる）を　かきましょう。（1つ25点）

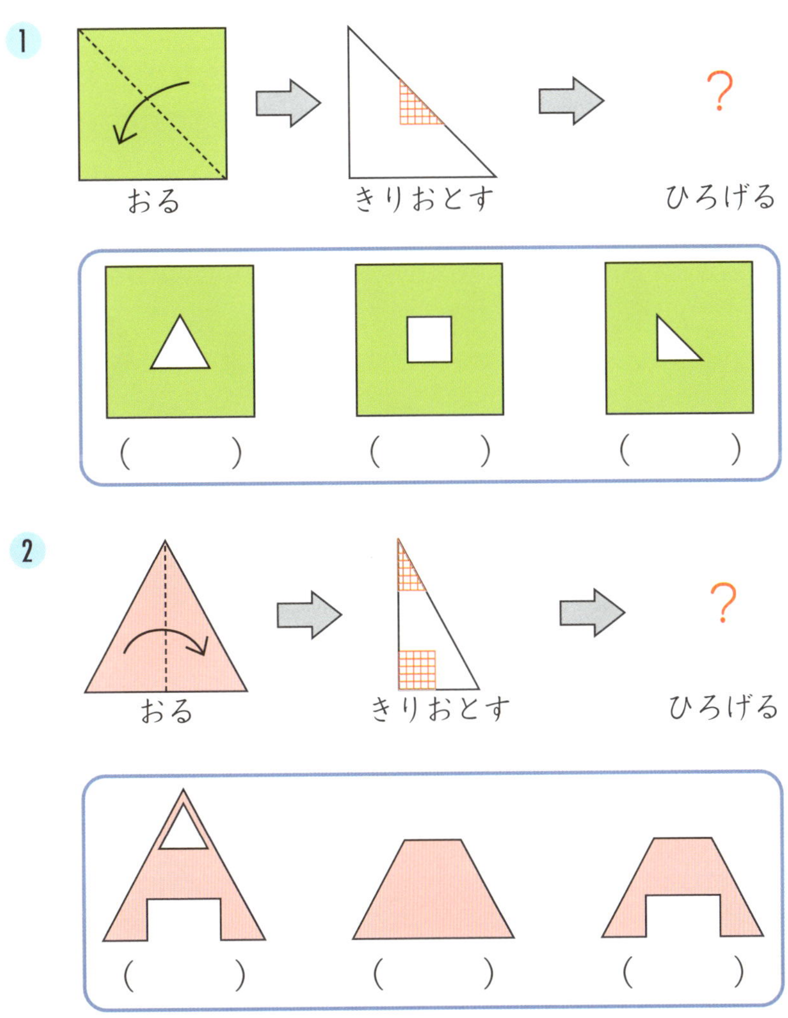

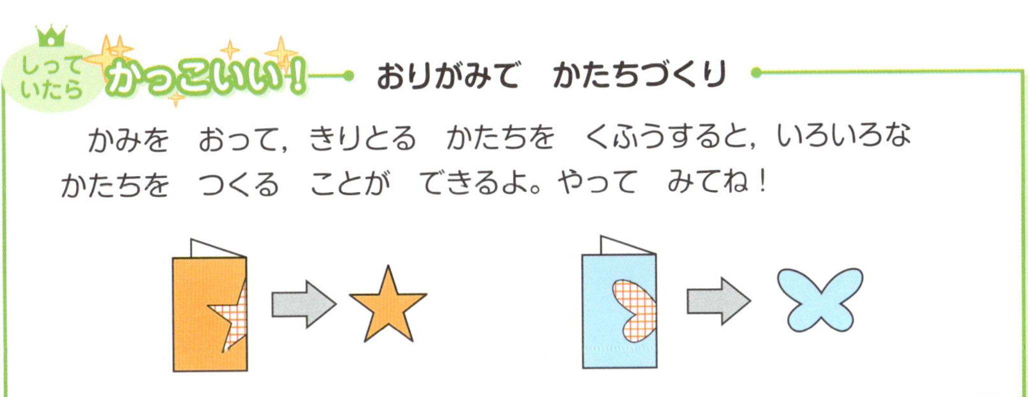

第32回 けいさん かいものを　しよう！

学習日　　月　　日　得点　　／100点

1　100円玉，10円玉，1円玉が　あります。えを　見て，□に あてはまる　かずを　かきましょう。(□1つ5点)

100は　ぜんぶで　□　こで，□　円ぶん あります。

10は　ぜんぶで　□　こで，□　円ぶん あります。

1は　ぜんぶで　□　こで，□　円ぶん あります。

2　さいふの　中に　お金が　入って　います。この　お金を　つかって，かいものを　します。どの　お金を　なんこずつ　出したら　よいでしょう。□に　あてはまる　かずを　かきましょう。(□１つ10点)

1　130円の　ジュースを　かう　とき，

100を　□　こと，

10を　□　こ　出すと，

ぴったり　はらえます。

2　95円の　おかしを　かう　とき，

50を　□　こと，

10を　□　こと，

五円を　□　こ　出すと，

ぴったり　はらえます。

3　98円の　けしゴムを　かう　とき，
ぴったり　はらえないので，

50を　１こと，

10を　□　こ　出して，

おつりで　1を　□　こ

もらいます。

第33回

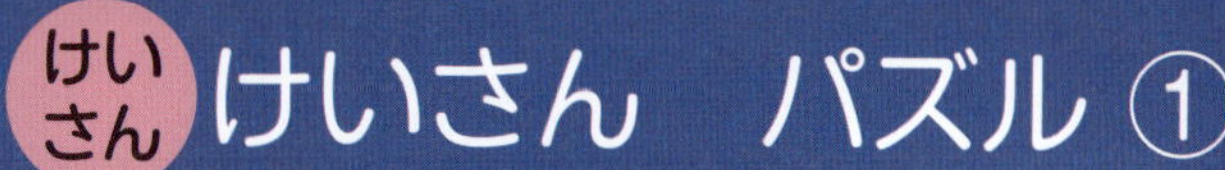

1　おなじ　かずを　たしあわせます。□に　かずを　あてはめて，正しい　しきを　かんせいさせましょう。（1つ10点）

やりかた

3 ＋ 3 ＝ 6

□に　おなじ　かずが　入るよ。

1　□ ＋ □ ＋ □ ＝ 6

2　□ ＋ □ ＋ □ ＝ 12

3　□ ＋ □ ＋ □ ＋ □ ＝ 12

4　□ ＋ □ ＋ □ ＋ □ ＝ 20

これができるとかっこいい！

どんな　かずが　あてはまるか　よそうして　みよう！　かずを　あてはめて　けいさんを　して，正しい　しきに　なって　いるかを　かくにんするよ。

2 正(ただ)しい　しきに　なるように，□に　＋か　－を
かきましょう。（１つ１０点）

1　4 □ 7 ＝ 11

2　12 □ 4 ＝ 8

3　6 □ 9 □ 5 ＝ 10

4　15 □ 6 □ 8 ＝ 17

3 おなじ　えの　ところには，おなじ　かずが　入(はい)ります。
□に　あてはまる　かずを　かきましょう。（□１つ５点）

1
（うさぎ）＋（コアラ）＝ 5
13 －（うさぎ）＝ 9

（うさぎ）は □ で，（コアラ）は □ です。

2
（きつね）＋（きつね）＝ 10
（ひつじ）－（きつね）＝ 7

（きつね）は □ で，（ひつじ）は □ です。

第 34 回 ずけい きると どうなる？ ①

1 やさいを ------ の ところで きりました。どのような きり口（くち）に なるでしょう。（　　）に ○（まる）を かきましょう。

（1つ20点）

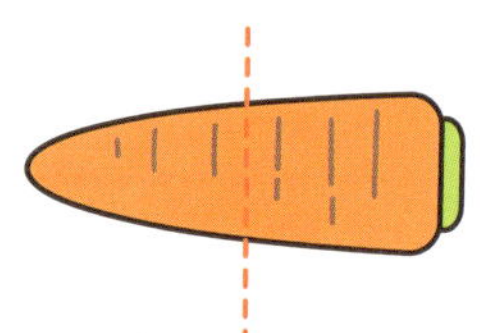

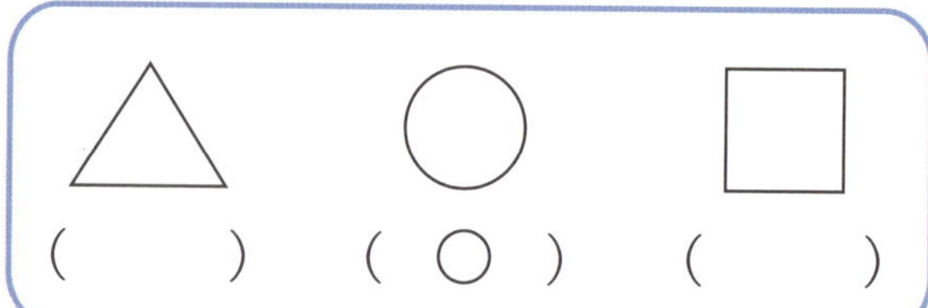

1

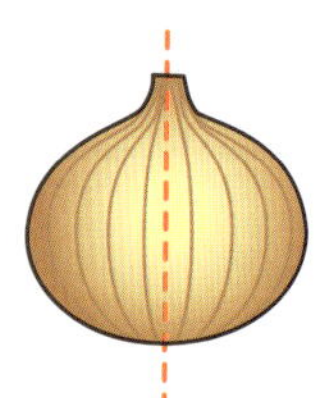

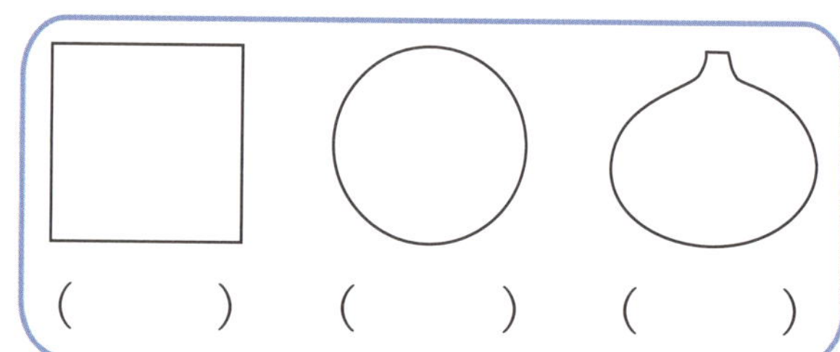

2

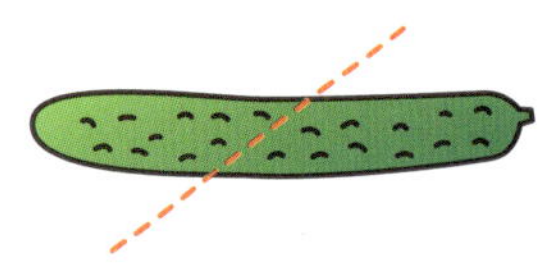

3

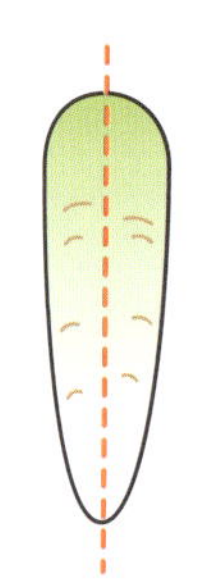

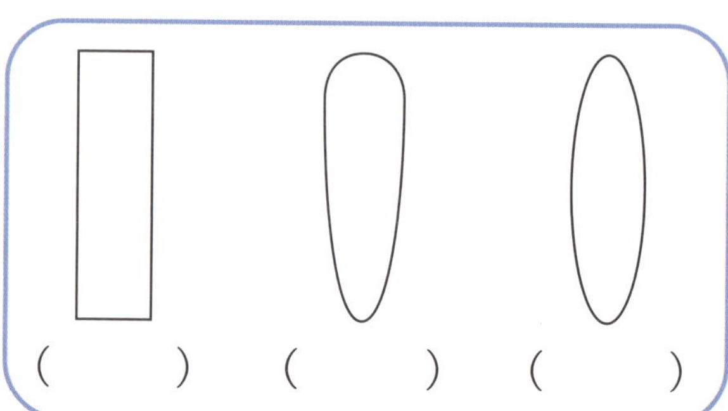

2 しかくい　とうふを　------　の　ところで　きります。
とうふの　きりかた と，**きった　あとの　とうふ** を　せんで
むすびましょう。（1 つ 10 点）

とうふの　きりかた			きった　あとの　とうふ
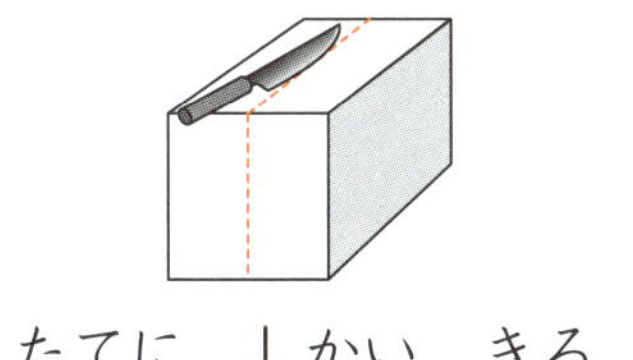 たてに　1 かい　きる。	•	•	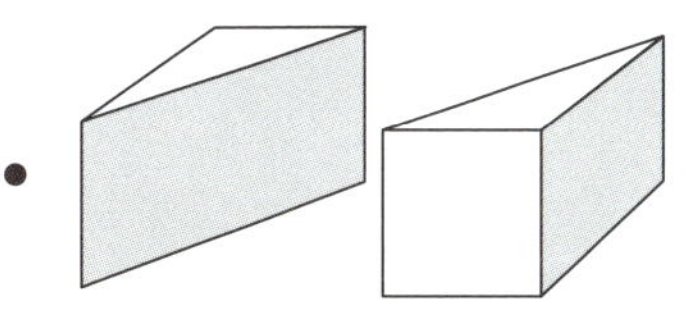
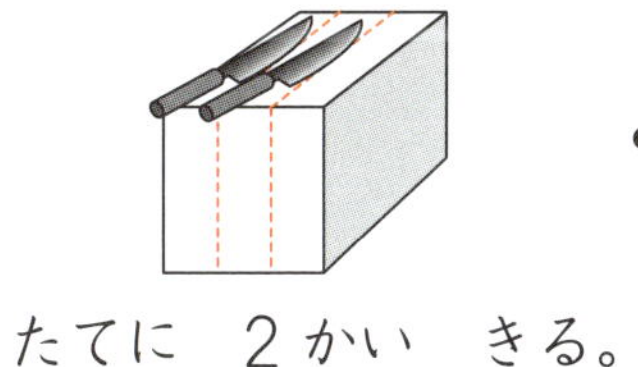 たてに　2 かい　きる。	•	•	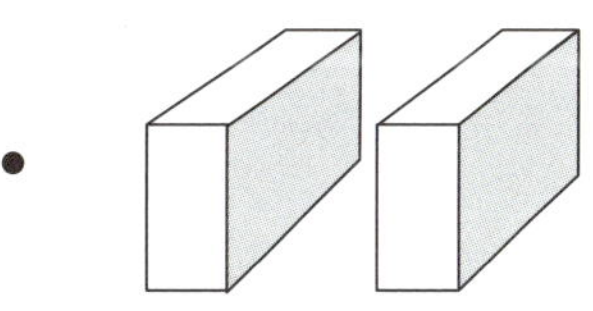
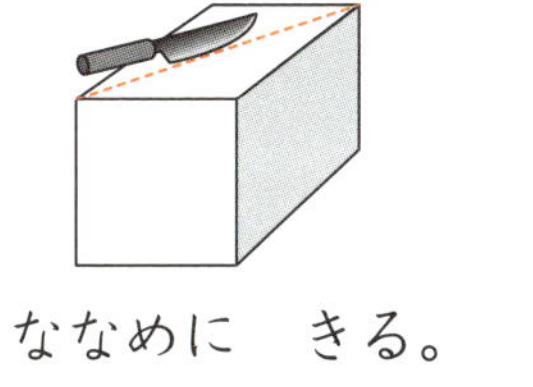 ななめに　きる。	•	•	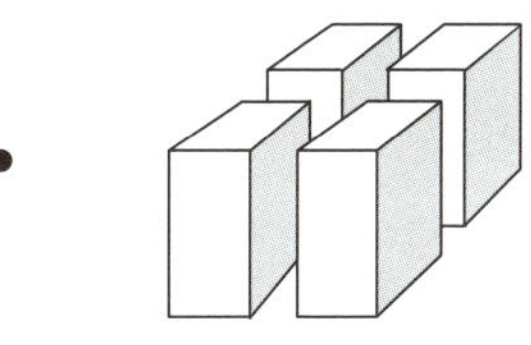
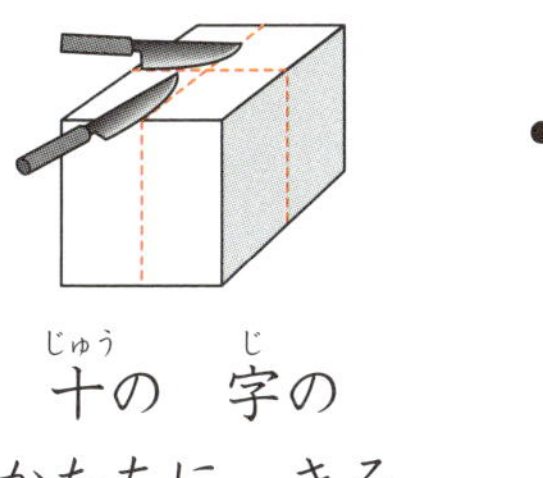 十(じゅう)の　字(じ)の かたちに　きる。	•	•	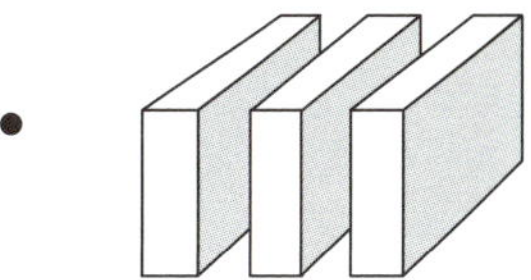

第35回 ずけい きると どうなる？ ②

1 かたちを ------ の ところで きります。きりかた と きり口 を せんで むすびましょう。（1つ20点）

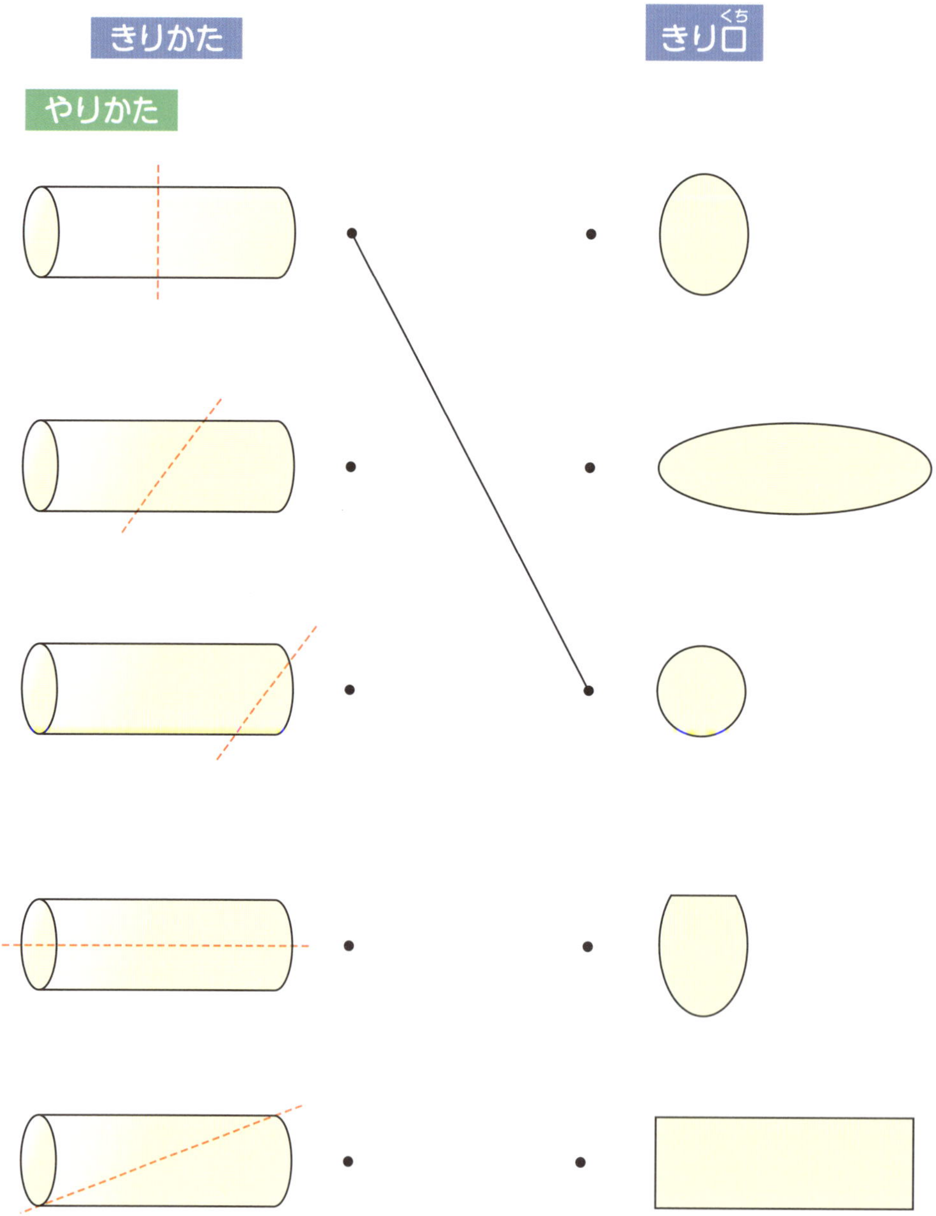

きりかた

やりかた

きり口

2　かたちを　きって，きった　かたちの　ひょうめんを
ペンキで　ぬります。ひつような　ペンキの　りょうが
おおい　じゅんばんに　１，２，３を　かきましょう。(20点)

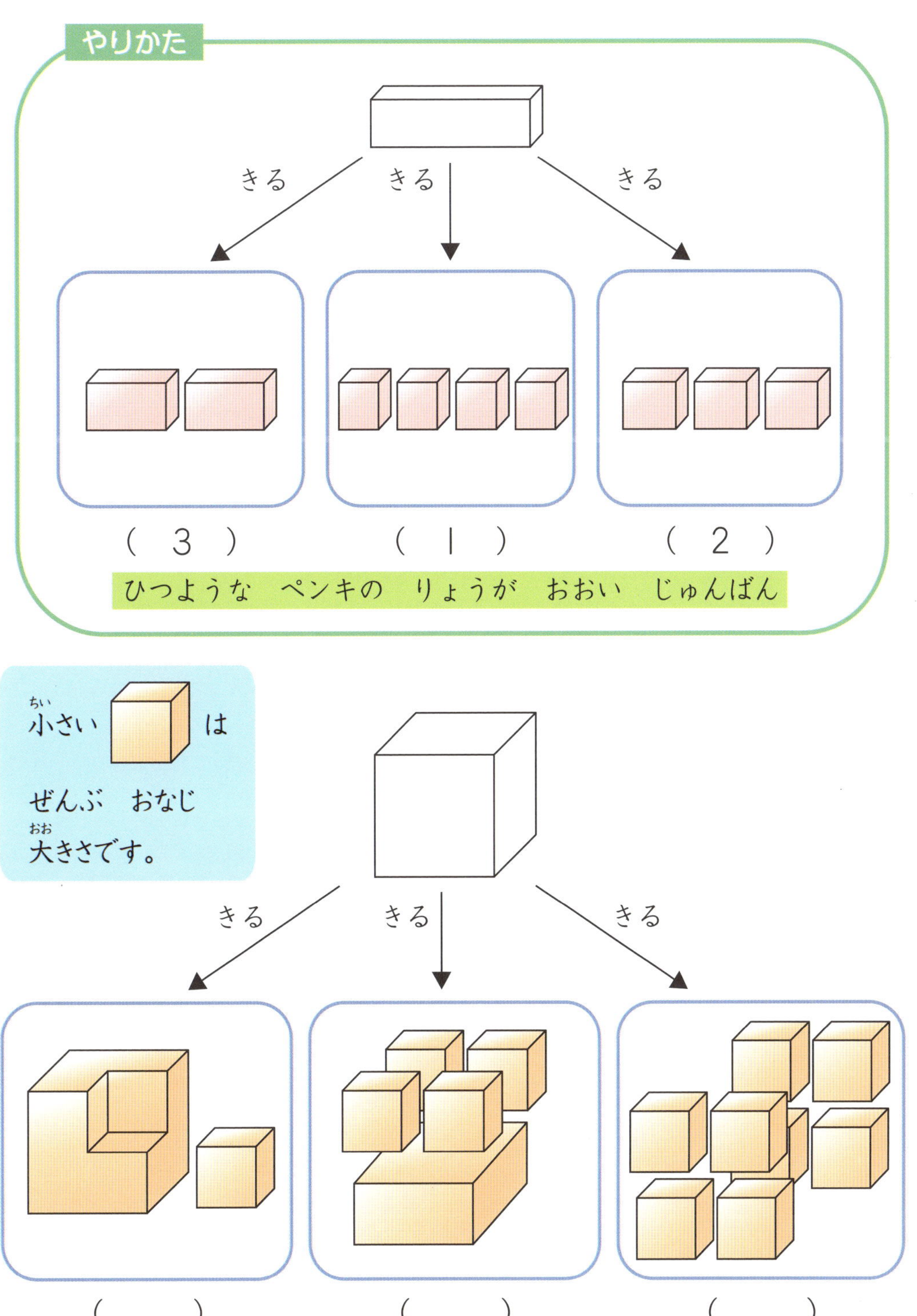

第36回 けいさん きまりを 見(み)つけよう ③

学習日 月 日　得点 ／100点

 **1** ならびかたの きまりを かんがえて，□に あてはまる かずを かきましょう。（□1つ5点）

① 10 20 30 □ 50 60

② 105 □ 115 120 □

③ 54 52 □ 48 46 44

④ 1 2 1 2 1 2

1ばん目(め) 2ばん目 3ばん目 4ばん目 5ばん目 6ばん目

この きまりで かずを ならべると，10ばん目(め)の かずは □ です。

⑤ 5 10 15 20 25 30

1ばん目(め) 2ばん目 3ばん目 4ばん目 5ばん目 6ばん目

この きまりで かずを ならべると，10ばん目(め)の かずは □ です。

2 ならびかたの　きまりを　かんがえて，こたえましょう。

（□１つ１０点）

1	2	3	4	5	6	7
□	9	10	11	12	13	14
15	16	17	18	19	20	□
22	23	24	25	26	27	28
29	□					

1. 上(うえ)の　□に　あてはまる　かずを　かきましょう。
2. ４の　下(した)に　ある　かずは　□　で，４より　□　大(おお)きい　かずです。
3. １８の　下(した)に　ある　かずは　□　で，１８より　□　大(おお)きい　かずです。

１８の　下(した)に　ある　かずは，１８の　いくつ　あとの　かずかな？　かぞえて　みよう！

第37回 けいさん

かずの　あらわしかた ①

学習日　月　日　得点　／100点

1　もんだいを　よんで　こたえましょう。（□１つ４点）

❶ 十(じゅう)の　くらいが　３の　かずを　10こ　かきましょう。

❷ 一(いち)の　くらいが　３の　かずを　10こ　かきましょう。

しって いたら かっこいい！　**むかしの　かずの　あらわしかた**

１，２，３，…　といった　すう字(じ)を　つかう　まえは　べつの　きごうを　つかって，かずを　あらわして　いたよ。

たとえば，大(おお)むかしの　がいこくでは，下(した)の　ような　きごうを　つかって　いたよ。

1	2	3	4	5	6	7	8	9	10
𒁹	𒈫	𒐈	𒐉	𒐊	𒐋	𒑂	𒑄	𒑆	𒌋

11	12	13	14	15	…	20
𒌋𒁹	𒌋𒈫	𒌋𒐈	𒌋𒐉	𒌋𒐊	…	𒎙

１は　𒁹で，10の　まとまりは　𒌋で　あらわしたんだね。

2 かずが　かいて　ある　カードを　ならべて，かずを　つくります。□に　あてはまる　かずを　かきましょう。

（□１つ５点）

やりかた

[1]と　[2]の　カードを　１まいずつ　つかうと，

[1][2] → 12　　　[2][1] → 21

だから，12と　21が　つくれます。

1 [2]と　[5]の　カードを　１まいずつ　つかうと，

□ と □ が　つくれます。

カードは　ぜんぶ　つかってね。

2 [1]と　[2]と　[3]の　カードが　１まいずつ　あります。

この　中（なか）から，カードを　２まい　えらんで　かずを　つくる　とき，いちばん　大（おお）きい　かずは　□　で，いちばん　小（ちい）さい　かずは　□　です。

いちばん　大（おお）きい　かずを　つくる　ときと，いちばん　小（ちい）さい　かずを　つくる　ときで，えらぶ　カードは　かわるね。

第38回 けいさん かずの　あらわしかた②

1 はこの　中に　カードを　入れると，カードに　かかれた　かずが，きめられた　とおりに　かわる　ふしぎな　はこが　あります。□に　あてはまる　かずを　かきましょう。

（□１つ25点）

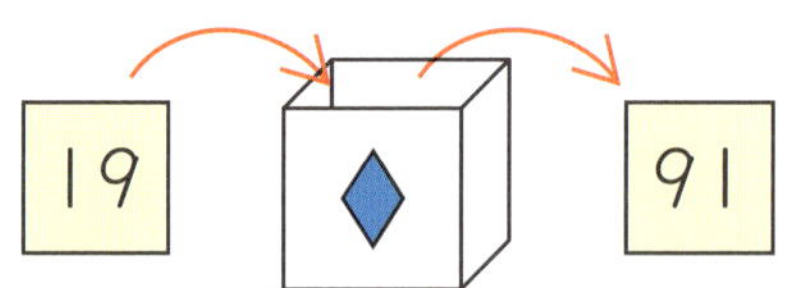

十の　くらいと　一の　くらいの　すう字が　はんたいに　なって　出て　くる。

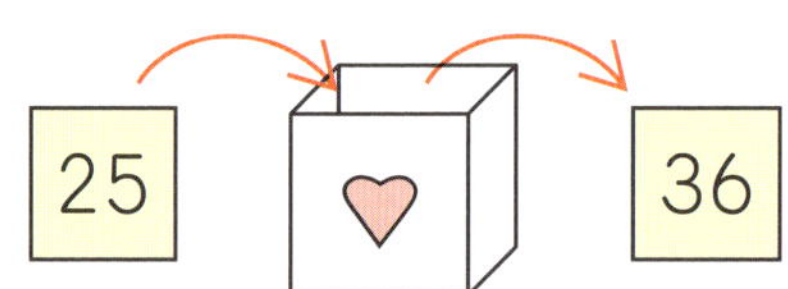

十の　くらいと　一の　くらいの　すう字が　１ずつ　大きく　なって　出て　くる。

1 ◇の　はこに　47を　入れると，□　の　カードが　出て　きます。

2 ♡の　はこに　47を　入れると，□　の　カードが　出て　きます。

3 ◇の　はこに　78を　入れて，出て　きた　カードを　♡の　はこに　入れると，□　の　カードが　出て　きます。

2 あんごうひょうと　ちずと　メモを　見て，たからものが　ある　ばしょを　ⓐ～ⓞから　えらんで，□に　かきましょう。

（25点）

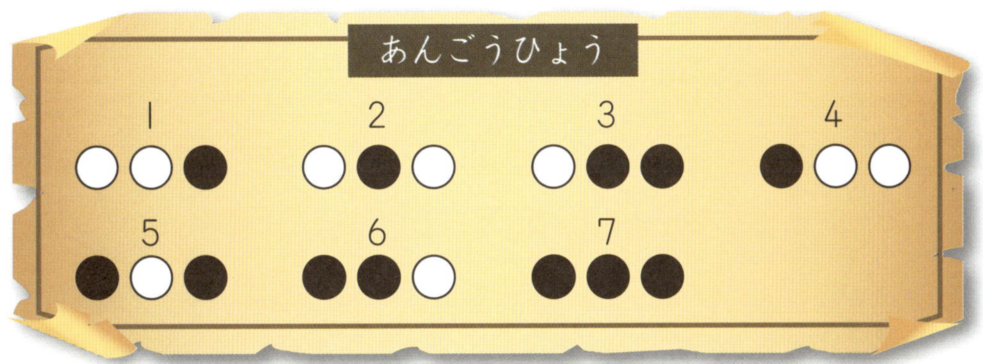

ちず

上

左　右

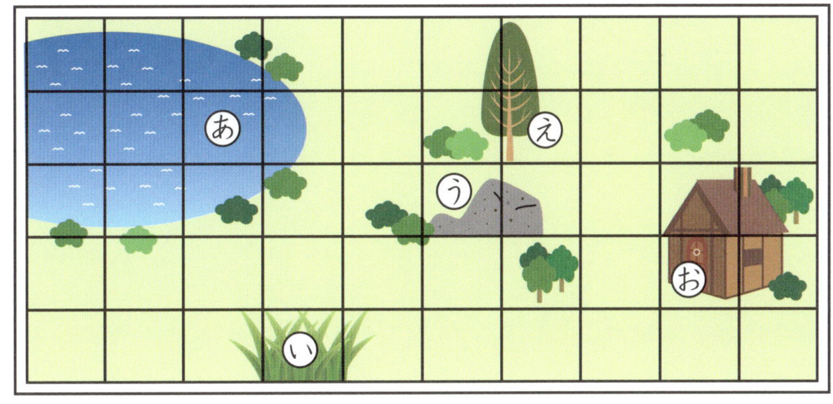

下

メモ

ちずで，左から　○●○ばん目の，上から　○●●ばん目の　ます目から　しゅっぱつします。右に　●●○ます　すすんで，そこから　上に　○○●ます　すすみます。さらに，左に　○○●ます　すすんだ　ところに，たからものが　あります。

こたえ　□

第39回 ずけい さいころの　めん

1　どうぶつの　かおが　かいて　ある　さいころが　あります。さいころや，さいころで　つくった　かたちを　上，下，右，左，まえ，うしろから　見ます。□に　あてはまる　かずを　かきましょう。（□１つ20点）

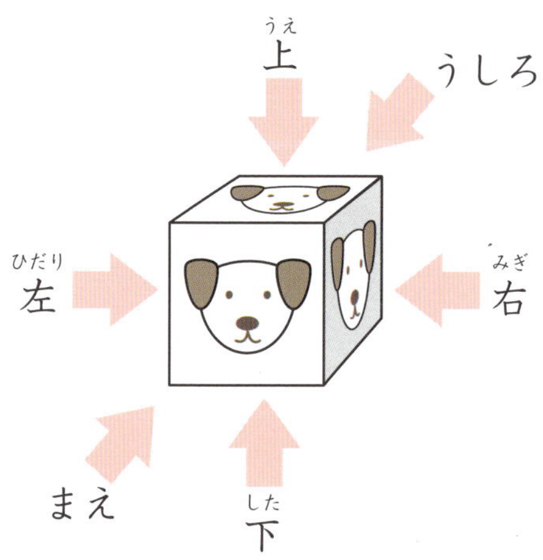

犬の　さいころには　ぜんぶの　めんに　犬が　かいて　あるよ。

1　ねこの　さいころを　いろいろな　ほうこうから

見ると， は　ぜんぶで  つ　見えます。

どこから　見ても　□が　１つずつ　見えるね。

2 ねこの　さいころの　上に，犬の　さいころを　つみました。

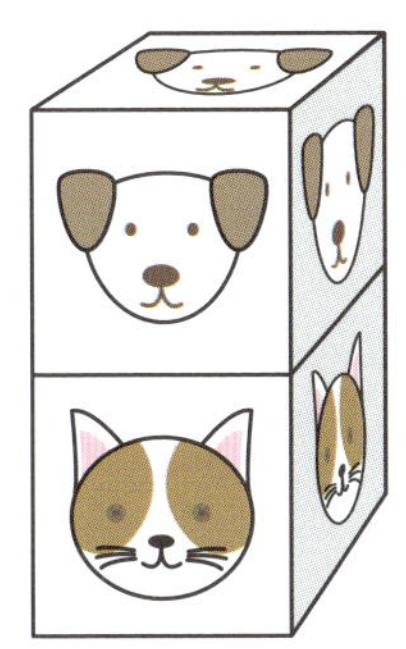

この　かたちを　いろいろな
ほうこうから　見ると，

 は　ぜんぶで  つ　見えて，

 は　ぜんぶで  つ　見えます。

下から　見ると， が　1つ　見えるね。

3 犬の　さいころと，ねこの　さいころと，くまの
さいころを　くっつけて　ならべました。

この　かたちを　いろいろな　ほうこうから　見ると，

 は　ぜんぶで　5つ　見えて，

 は　ぜんぶで  つ　見えて，

 は　ぜんぶで  つ　見えます。

第 40 回 けいさん けいさん　パズル ②

学習日　月　日　得点　／100 点

1　◎で　つながって　いる　3つの　かずを　あわせて　17を　つくります。あいて　いる　○に　あてはまる　かずを　かきましょう。（○1つ10点）

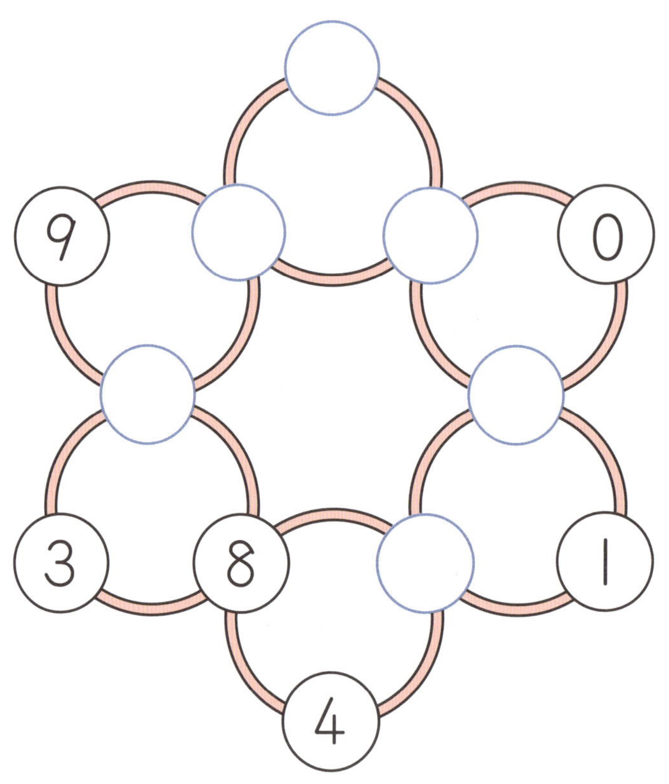

どの　○から　かんがえると　いいかな？
3つの　かずを　あわせて　17を　つくるから，2つの　かずが　わかれば　のこり　1つの　かずが　わかるね。
この　むずかしい　パズルが　できたら　かっこいい！！

2 しきの　カードと　あんごうの　カードが　⬭で　つながれて　います。

1 カードに　かかれて　いる　けいさんを　しましょう。

2 けいさんの　こたえを　□から　さがして，その　かずの　下(した)に，⬭で　つながれた　カードの　あんごうを　かきましょう。

（□1つ10点）

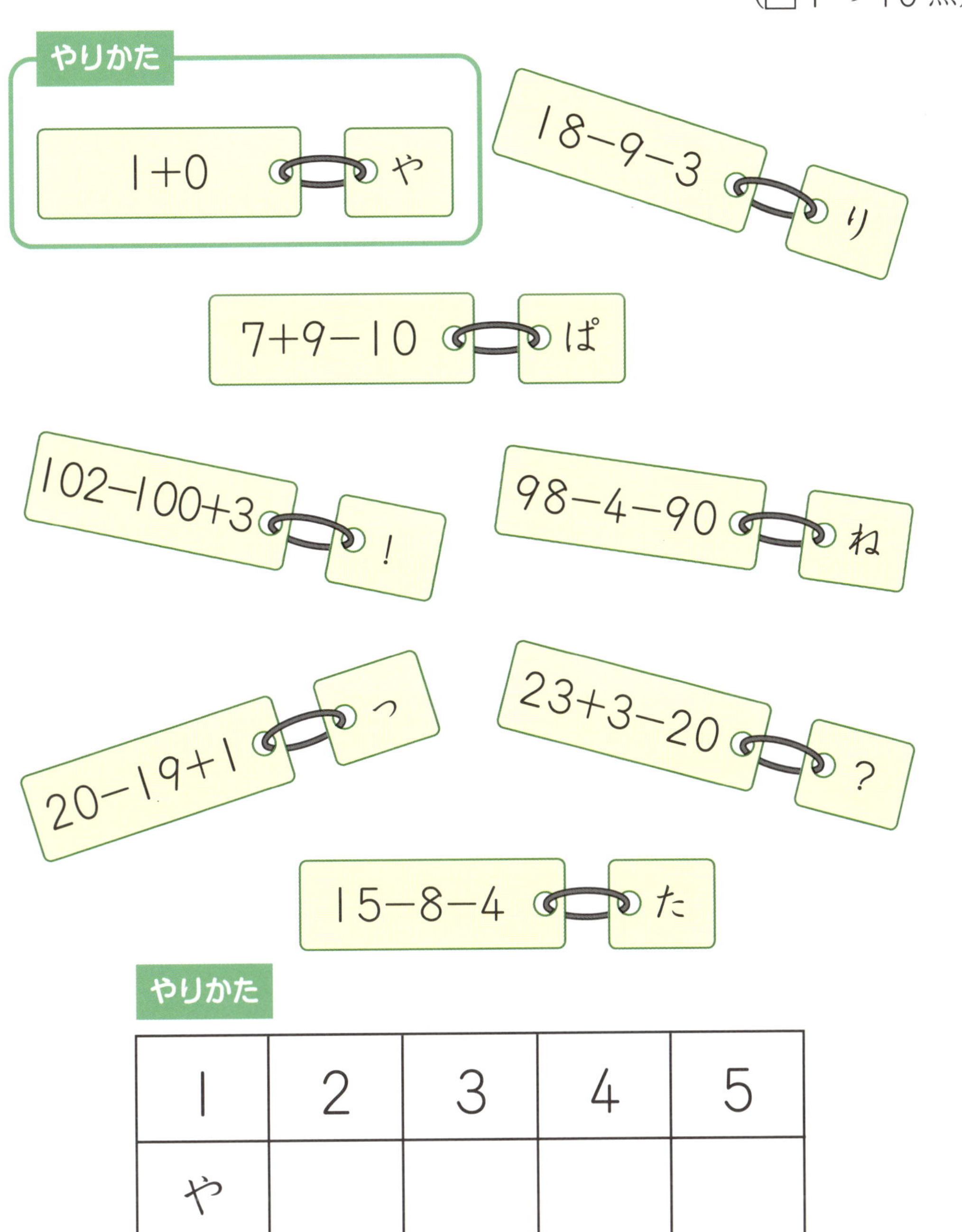

1	2	3	4	5
や				

Z会グレードアップ問題集
小学1年　算数　計算・図形

初版　第1刷発行　2013年2月1日
初版　第23刷発行　2025年6月10日

編者　Z会指導部
発行人　藤井孝昭
発行所　Z会
〒411-0033　静岡県三島市文教町1-9-11
【販売部門：書籍の乱丁・落丁・返品・交換・注文】
TEL　055-976-9095
【書籍の内容に関するお問い合わせ】
https://www.zkai.co.jp/books/contact/
【ホームページ】
https://www.zkai.co.jp/books/
装丁　Concent, Inc.
（山本泰子，中村友紀子）
表紙撮影　髙田健一（studio a-ha）
印刷所　シナノ書籍印刷株式会社

ISBN　978-4-86290-109-5

かっこいい小学生になろう

Z会
グレードアップ
問題集

小学1年

算数

計算・図形

解答・解説

解答・解説の使い方

ポイント①
答えでは，正解を示しています。

ポイント②
考え方では，各設問のポイントやアドバイスを示しています。

第1回

答え

1 ①6 ②2 ③3 ④2
2 8
3 ①0 ②9 ③0，2（順不同）

考え方

1 絵を見て，条件に合うものの数を答える問題です。
④ 複数の条件を考えなければならない，難しい問題です。まず，1つの条件にあてはまる絵を選び，印をつけておきます。そして，印をつけた絵の中からもう1つの条件にあてはまる絵を探せるとよいでしょう。

2 1から順番に，カードがあるかどうかを確かめる方法が確実です。

3 数の大小関係を考える問題です。
② 黒板に書かれている数が，条件にあてはまるかどうか，1つずつ確認して，答えを導きます。
③ ②と同様に考えます。答えが2つあることに注意できるとよいでしょう。

第2回

答え

1 ①3 ②4 ③3 ④6 ⑤3 ⑥4 ⑦3 ⑧2
2 （さいころの目を線で結んだ図）
3 3

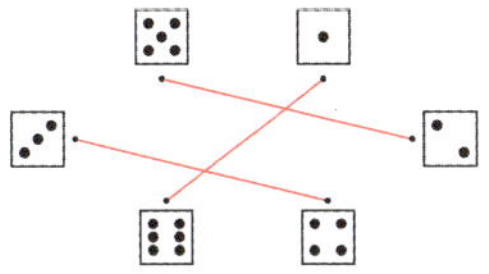

考え方

1 数を分解する問題です。
①，②が考えにくい場合は，余白を利用して，持っているおはじきの数だけ○をかいてあげましょう。そこから，開いた手にあるおはじきの数だけ○を線で囲み，残りの○の数を数えます。
③～⑧で，数を見ただけではわからない場合は，○をかいて，考えやすくしてあげましょう。⑥～⑧では，数が1ずつ変わっていることに気づけるとよいでしょう。

2 どれか1つに注目して，合わせて7になるものを探す，ということを繰り返します。

3 割り算は使わずに，○に色を塗って考えます。色を塗った○の数が9個になっているか，色を塗った○の数が3人とも同じになっているかを確認しながら，試行錯誤して考えましょう。
○を利用せずに，あめの絵を線で囲むなどして考えてもよいでしょう。

保護者の方へ

この冊子では，**問題の答え**や，**各単元の学習ポイント**，お子さまをほめたりはげましたりする声かけのアドバイスなどを掲載しています。問題に取り組む際や丸をつける際にお読みいただき，お子さまの取り組みをあたたかくサポートしてあげてください。

本書では，教科書よりも難しい問題を出題しています。お子さまが解けた場合は，いつも以上にほめてあげて，お子さまのやる気をさらにひきだしてあげることが大切です。

第1回

答え

1 ①6　②2　③3　④2

2 8

3 ①0　②9　③0, 2（順不同）

考え方

1 絵を見て，条件に合うものの数を答える問題です。

④ 複数の条件を考えなければならない，難しい問題です。まず，1つの条件にあてはまる絵を選び，印をつけておきます。そして，印をつけた絵の中からもう1つの条件にあてはまる絵を探せるとよいでしょう。

2 1から順番に，カードがあるかどうかを確かめる方法が確実です。

3 数の大小関係を考える問題です。

② 黒板に書かれている数が，条件にあてはまるかどうか，1つずつ確認して，答えを導きます。

③ ②と同様に考えます。答えが2つあることに注意できるとよいでしょう。

第2回

答え

1 ①3　②4　③3　④6　⑤3
⑥4　⑦3　⑧2

2

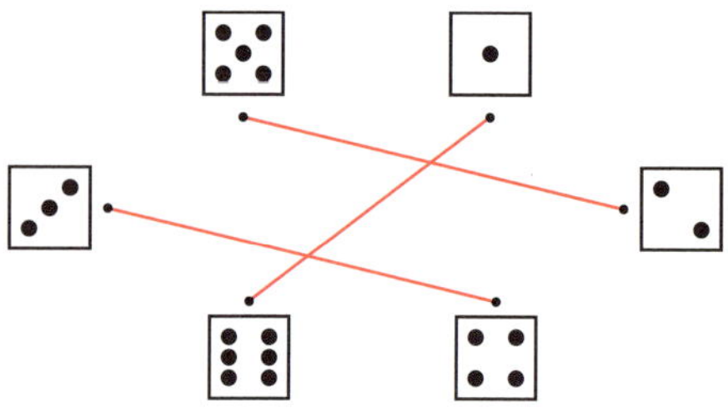

3 3

考え方

1 数を分解する問題です。

①，②が考えにくい場合は，余白を利用して，持っているおはじきの数だけ○をかいてあげましょう。そこから，開いた手にあるおはじきの数だけ○を線で囲み，残りの○の数を数えます。

③〜⑧で，数を見ただけではわからない場合は，○をかいて，考えやすくしてあげましょう。⑥〜⑧では，数が1ずつ変わっていることに気づけるとよいでしょう。

2 どれか1つに注目して，合わせて7になるものを探す，ということを繰り返します。

3 割り算は使わずに，○に色を塗って考えます。色を塗った○の数が9個になっているか，色を塗った○の数が3人とも同じになっているかを確認しながら，試行錯誤して考えましょう。

○を利用せずに，あめの絵を線で囲むなどして考えてもよいでしょう。

第3回

答え

1 ①5　②3　③5　④8　⑤4
⑥5　⑦4

2 (例) ①1，9　②2，8　③3，7
④9，1　⑤1，2，7

3 ①　②

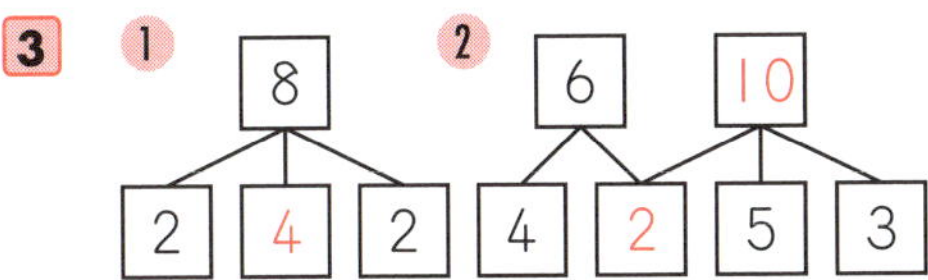

考え方

1 10までの数を分解する問題です。

①，②では，まず，絵にかいてあるものの数を数えます。

③，④は，第2回と問題文の表現が異なりますが，分解の問題です。

⑤は，3つの数に分解する，難易度の高い問題です。「1と2で3だから，□には4が入る。」と考えます。難しい場合は，下のように図をかいてあげるとよいでしょう。

○○○○○○○ → 4

⑥，⑦も⑤と同様に考えます。

2 さまざまな分け方を自分で考える問題です。「10と0にわけられます。」のように，0を含んでいても正解とします。

①～④では，「1と9にわけられます。」と「9と1にわけられます。」のように，書く順番を逆にした答えを書いていても，正解です。

3 パズル要素のある難易度の高い問題です。②では，まず，6が4といくつに分けられるかを考えましょう。

第4回

答え

1 ①

(　　) (　○　) (　　) (　　)

②

(　　) (　　) (　　) (　○　)

③

(　　) (　　) (　○　) (　　)

2 (省略)

3

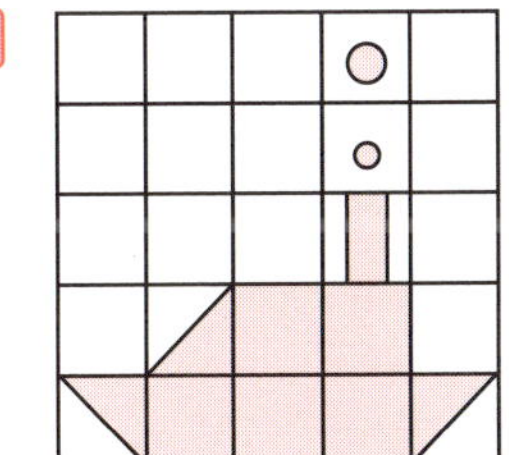

考え方

1 図形を注意深く観察する力を養う問題です。色が塗られている部分の違いにも注意しましょう。

2 形があっていれば，線が歪んだり，曲がったりしていても正解です。

3 同じ数が書かれているますを，まとめて塗ると，より短時間で完成します。

第5回

答え

1 ①3　②2　③4，7（順不同）
④2

2 ①5　②4，2　③2　④4

考え方

1 順序を表す数（順序数）についての問題です。前と後ろのどちらから数えるのかに，注意が必要です。

2 ものの位置関係を，絵を見て理解し，順序数で表す問題です。

③　本をどの棚に入れたのかがわかるように，絵に印をつけて考えるとよいでしょう。

④　まず，ぼうしをどの棚に移したのかを確認します。③と同様に，移した棚に印をつけるとよいでしょう。

第6回

答え

1 ①2　②2，3　③1，3（順不同）

2 ①5　②1，5（順不同）
③2，3，4（順不同）　④4

考え方

1 上下と左右の2つの軸で考える問題です。

③　左から2列目だけに注目して答えます。

2 植木算につながる問題です。

④　絵に，花を植える場所の印をつけておくと，数え間違いや勘違いを防ぐことができます。植木算の考え方を用いると，5－1＝4で求めることができますが，現段階では，絵に印をつけて考える方法を身につけましょう。

第7回

答え

1 ❶3　❷2　❸6
❹2，7（順不同）

2 ❶4　❷3　❸7

考え方

1 何段階か手順をふまないと答えが導き出せない，難易度が高い問題です。

❶「9」と答えている場合は，問題文を示しながら，「何番目かを答えるんだよ。」と教えてあげるとよいでしょう。

❷「2番目の数を見つける。→4大きい数を考える。→4大きい数を見つける。→何番目かを考える。」という手順をふむ難しい問題です。2番目の数より4大きい数を余白に書いて考えるとよいでしょう。

❸ 左から4番目の数と，右から5番目の数に印をつけておくと，混乱せずに答えを導くことができます。

❹ まず，カードを見て，合わせると5になる2つの数を見つけます。そのあと，それぞれの数が左から何番目にあるのかを考えます。難しい問題ですので，考え方を示してあげるとよいでしょう。

2 ❸は，❶と❷の両方の条件をふまえて解く難しい問題です。棒人間などの絵をかき，それをもとに考えましょう。

第8回

答え

1 ❶ あ，い，お（順不同）
❷ う，え（順不同）

2 う

考え方

1 作る形をよく観察して，特徴を捉えることが重要です。難しい場合は，あ～おの形を紙に写して切り取り，実際に組み合わせて考えるとよいでしょう。

❶ あ～おの中で，円の弧にあたる部分をもつ形に注目します。どのように考えたらよいかがわからない場合は，「あ～おの中で，丸くまがっているところがあるのはどれかな。」と声かけをするとよいでしょう。

❷ 下のようにうとえを組み合わせると，直角三角形ができます。

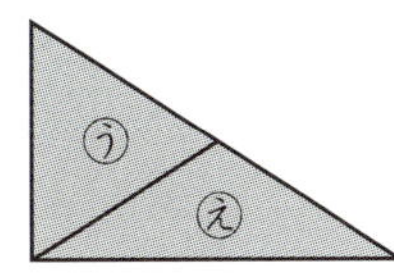

あ，い，おを選んでいる場合には，「作る形には，丸くまがっているところがないよ。」と教えてあげましょう。

2 作れない形を選ぶことに注意します。あ～えの形を1つずつ見て，作れるかどうかを確認していくと，うには三角形4つに加えて長方形の形があるので，三角形5つの組み合わせでは作れないことがわかります。

1と同様に，わからないようであれば，紙に色板の形を写して切り取り，実際に組み合わせて考えるとよいでしょう。

第9回

答え

1

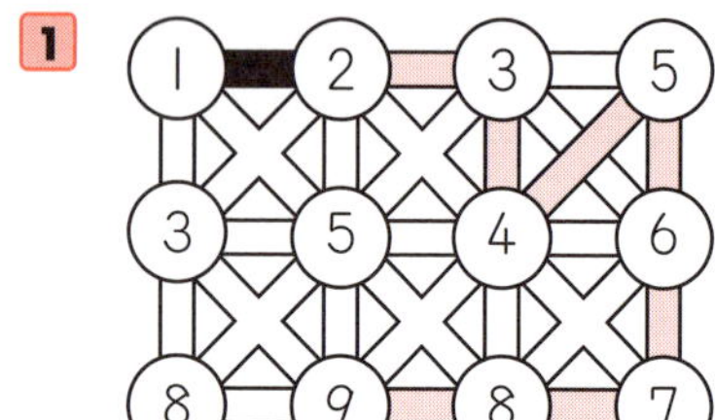

2

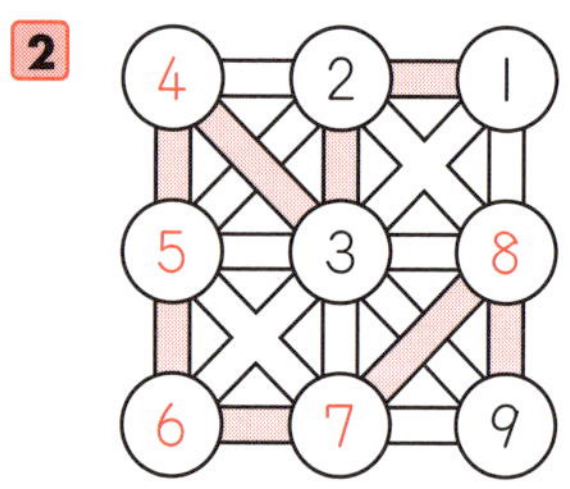

3 ❶ 9 ❷ 4

考え方

1 「2」まで進むと，図の中に「3」が2つあるので，どちらに進むのかを考える必要があります。どちらかを選んで進んでみて，うまくいかない場合は，進む前の位置に戻ります。このように試行錯誤しながら進んでいきます。

2 「3」まで進んだ後，どの空欄に「4」を入れるのかを考える，大変難易度の高い問題です。1つの○に「4」を入れてみて，「9」まで進めるかどうかを確かめる，という方法で答えを導きましょう。

なお，「9」が右下にあることに着目すると，「3」の右や「3」の下に，「4」は入らないことがわかります。

3 まず，どのようなきまりかを見つけましょう。

❶ 「5大きくなる」きまりです。

❷ 「1小さくなる」きまりです。

第10回

答え

1

やりかた

5 2 3 4 7 5 8 6 9 7 10

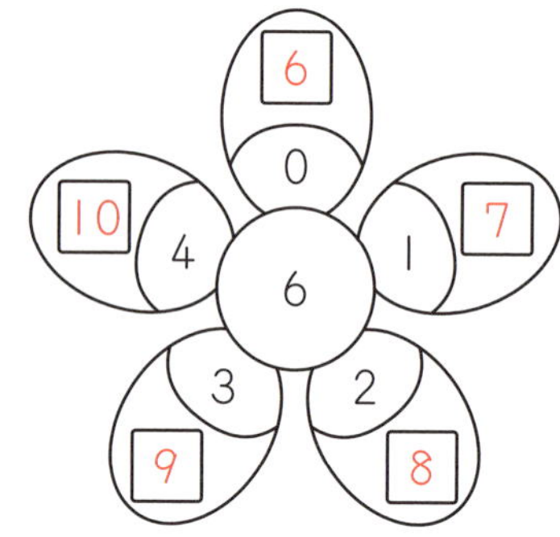

2 ❶ 4 ❷ 9 ❸ 8 ❹ 10 ❺ 4 ❻ 6 ❼ 7 ❽ 9 ❾ 10

3 （例） 0 + 6 = 6，1 + 5 = 6，
2 + 4 = 6，3 + 3 = 6，
4 + 2 = 6，5 + 1 = 6，
6 + 0 = 6

考え方

3 式を書くときには，「0 + 6，1 + 5，……」のように「= 6」を省略してもかまいません。また，「1 + 2 + 3 = 6」など，3つ以上の数のたし算を書いてもよいでしょう。

書いた式が少ない場合や，同じ式を書いてしまっている場合でも，正解としたうえで，指摘してあげてください。

第11回

答え

1 ❶ （○）7＋0　2＋3（　）

❷ （○）3＋6　4＋2（　）

❸ （　）5＋4　5＋5（○）

2 （例）0＋10＝10，1＋9＝10，
2＋8＝10，3＋7＝10，
4＋6＝10，5＋5＝10，
6＋4＝10，7＋3＝10，
8＋2＝10，9＋1＝10，
10＋0＝10

3 ❶ 4　❷ 7　❸ 10　❹ 8　❺ 9
❻ 10　❼ 9

4 ❶ 3　❷ 4　❸ 1　❹ 2　❺ 2
❻ 0　❼ 3　❽ 0

考え方

2 式を書くときには，「＝10」を省略してもかまいません。また，3つ以上の数のたし算を書いてもよいでしょう。

3 たし算だけの計算では，たす順序を変えても正しい答えを求めることができますが，今の段階では，前（左）から順番に計算するようにしましょう。

4 「1はあといくつで4になる？」のように考えます。または，□に適当な数をあてはめて計算し，計算結果が一致するかどうかを確かめる，という方法で考えることもできます。❽では，「4と6といくつで10になる？」と言いかえてあげるとよいでしょう。

第12回

答え

1 ❶ （　）（○）（　）

❷ （　）（　）（○）

❸ （　）（○）（　）

2 ❶ ②，④（順不同）
❷ ①，③（順不同）

考え方

1 鏡に映った形は，左右が逆になります。わかりにくい場合は，実際に絵を鏡に映して考えるとよいでしょう。

2 「もとのかたち」と「あたらしいかたち」を見比べて，位置が変わっている棒を見つけます。

第13回

答え

1 やりかた

4	6	7	1	10
9	1	3	4	8
5	0	9	2	5
5	3	8	3	6
4	10	6	2	0

2 ①2 ②3 ③4 ④4 ⑤3
⑥2 ⑦0 ⑧1 ⑨9 ⑩0

3 （例）10－7＝3，9－6＝3，
8－5＝3，7－4＝3，
6－3＝3，5－2＝3，
4－1＝3，3－0＝3

考え方

2 0を含むひき算に注意しましょう。

⑩「0－0」がわかりにくい場合は，「おかしが1個もないと，1個も食べられないから，残りも1個もないね。」など，0－0の場面の例を示してあげるとよいでしょう。

3 式を書くときには，「10－7，9－6，……」のように「＝3」を省略してもかまいません。また，「10－3－4＝3」など，2つ以上の数をひく式を書いてもよいでしょう。

書いた式が少ない場合や，同じ式を書いてしまっている場合でも，正解としたうえで，指摘してあげてください。

第14回

答え

1
① （　　）4－3　　7－2（○）
② （○）9－3　　9－4（　　）
③ （　　）10－8　　5－0（○）

2 ①6 ②5 ③4 ④3 ⑤2
⑥1

3 ①2 ②3 ③0 ④0 ⑤6
⑥7 ⑦10

4 ①1 ②3 ③5 ④9 ⑤1
⑥4 ⑦7

考え方

2 ひく数が1ずつ増えていくと，答えは1ずつ減っていきます。ひく数と答えの関係に気づけるとよいでしょう。

3 ひき算が含まれる計算では，計算の順序を変えてしまうと，正しい答えが得られません。前（左）から順番に計算しましょう。

4 「7からいくつひくと6になるかな？」のように考えます。たし算のときと同様に，□に適当な数をあてはめて計算し，計算結果が一致するかどうかを確かめる，という方法で考えてもよいでしょう。

④は，ひかれる数を求める難しい問題です。□＝8＋1という解き方ではなく，「いくつから1をひくと8になるかな？」のように考えます。

第15回

答え

1

①

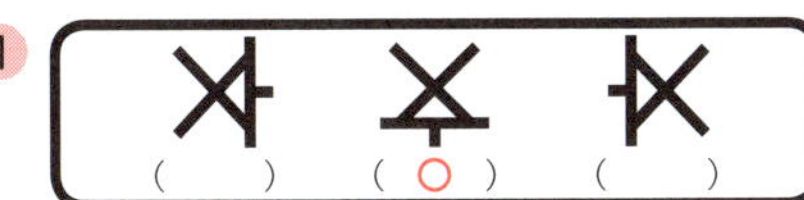

②

（○）（　）（　）

③

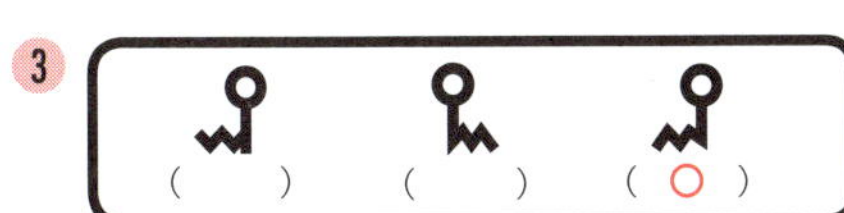

2

① (例)

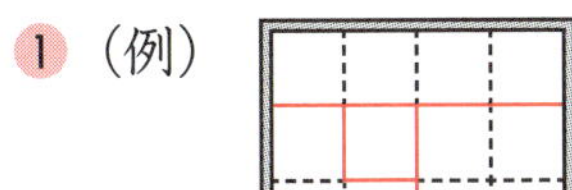

② (例)

考え方

1 「回転して逆さまにする」という表現がわからない場合には，本冊子を時計回りに180° 回転して見せるなどして教えてあげてください。

② 逆さまにしても同じ絵になります。

③ ギザギザした線の付き方に注意しましょう。

2 わかりにくい場合は，積み木の形を紙に写して切り取り，実際に箱の形にあてはめて考えてもよいでしょう。

第16回

答え

1 ①，②，③

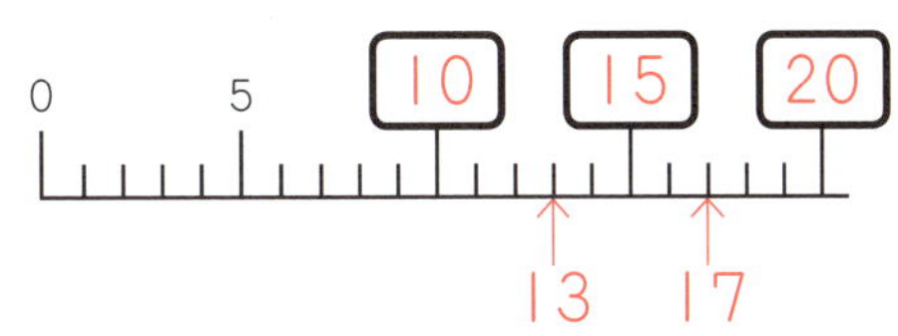

④ 3

2

①

3　0　7
（　）（　）（○）

② 11　16　14
（　）（○）（　）

③ 18　9　15
（○）（　）（　）

④ 19　11　20
（　）（　）（○）

3

①

② 13，16（順不同）

考え方

1 かずのせん（数直線）を利用して考える問題です。

① 5から，6，7，8，……と目盛りを数えてもよいですし，5とびの数（5，10，15，……）を利用してもよいでしょう。

④ ②，③で矢印をつけた目盛りの間に，目盛りがいくつあるかを数えて求めます。

3 ②は，①の答えを利用するとよいでしょう。

第17回

答え

1 ① 17　② 19　③ 10　④ 6　⑤ 14
⑥ 20　⑦ 12　⑧ 12

2

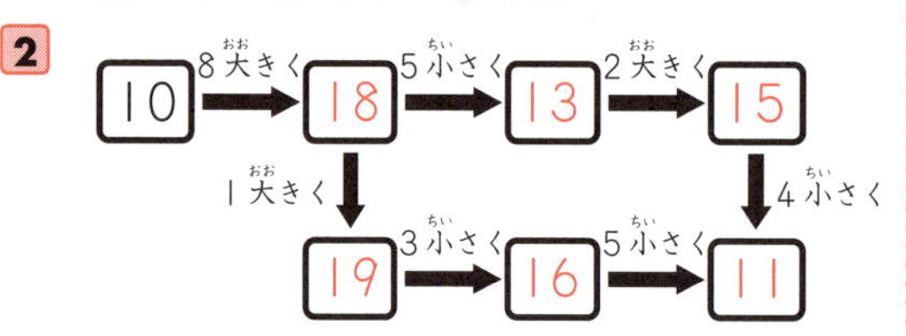

3 ① 19 − 5 ＝ 14

② 16 ＋ 4 ＝ 20

③ 12 − 10 ＝ 2　または

12 − 2 ＝ 10

考え方

1 ⑧で，「3 − 2」から計算してしまっている場合は，前（左）から順番に計算するよう促してください。

3 数の関係をたし算やひき算で表す問題です。

① ひき算では，ひかれる数が答えよりも大きくなります。

② たし算では，たす数やたされる数よりも，答えのほうが大きくなります。

③ 作る式は2通り考えられます。ひき算では，大きい数から小さい数をひく決まりがあることを利用します。わかりにくい場合は，数をあてはめてみて，式が成り立つかを確認することを繰り返して，答えを見つけられるとよいでしょう。

第18回

答え

1 ○のなかま…4
△のなかま…4
□のなかま…3

2 ① 3　② 5　③ 6

3 ① ○　△　□（□）

② ○（○）　△　□

4 ① ○（○）　△　□

② ○　△　□（□）

③ ○（○）　△　□

考え方

1 向きが異なっていても同じ形である，ということがわからない場合は，紙に形を写し取り，それを回転させて見せてあげるとよいでしょう。

2 平面図形を構成する辺に，注目する問題です。

3 立体図形の中に平面図形が含まれていることを学ぶ問題です。難しい場合は，身のまわりにある箱や容器の面を紙に写し取るという作業に取り組んでみましょう。特に②は難しいですので，円錐型のものを実際に見せてあげるとよいでしょう。

4 上から見た形と，下から見た形が同じであることに気づけるとよいでしょう。

第19回

答え

1

1 2

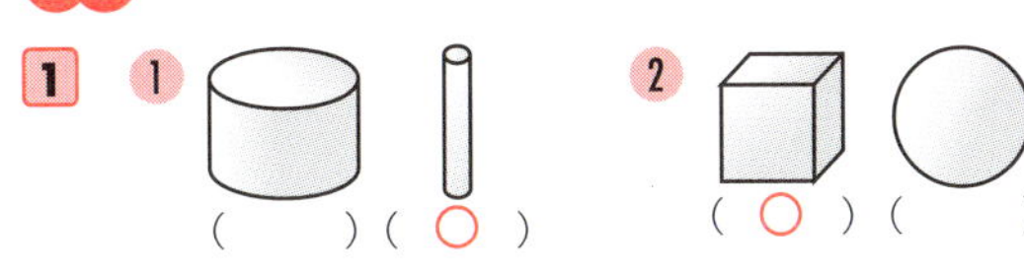

3

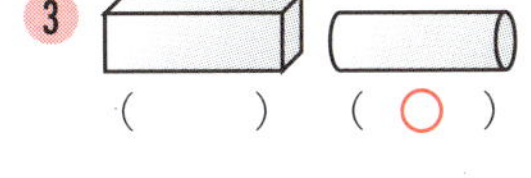

4

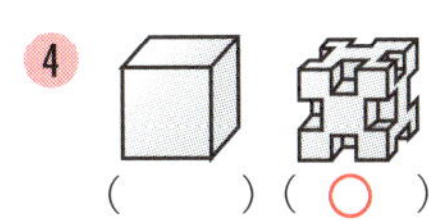

2

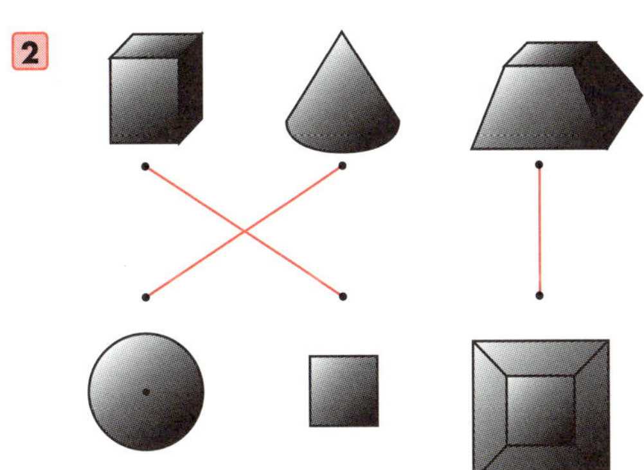

3

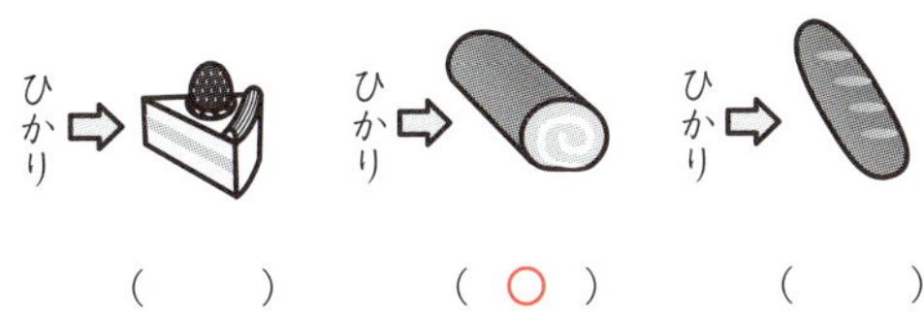

考え方

1 立体の特徴に着目する問題です。身のまわりにある箱や容器を見ながら考えるとよいでしょう。

4 表面積の広さを考える難易度の高い問題です。感覚的に捉えることが難しい場合は，「ボコボコしているほうが，ペンキで塗るところが多くなるよ。」と教えてあげてください。

2 実際に同じ形の立体を見て確認するとよいでしょう。右端の形は，チョコレートのお菓子などで確認できます。

3 フランスパンの影の形は，細長い楕円になることに注意しましょう。

第20回

答え

1 1 14　2 11　3 12　4 12
5 13　6 11　7 18　8 13
9 15　10 11　11 10　12 20

2 （例）

0 + 13 = 13
1 + 12 = 13
2 + 11 = 13
3 + 10 = 13
4 + 9 = 13
5 + 8 = 13
10 + 1 + 2 = 13
0 + 6 + 7 = 13

考え方

2 やり方がわからない場合は，まず，1つの□に適当な数をあてはめてみるよう促しましょう。式はすべてたし算なので，□には0から13までの数を入れます。そのあと，ほかの□にあてはまる数を考えるとよいでしょう。

全部の□に数をあてはめたあと，答えが13になるかどうかを確かめると，よりよいでしょう。

第21回

答え

1 やりかた

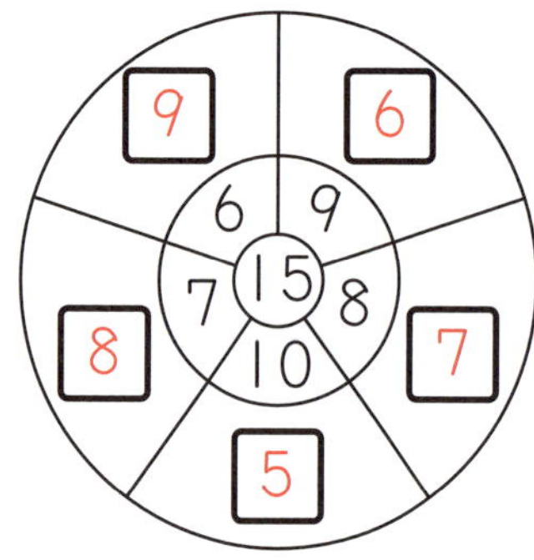

2 ①7　②9　③9　④8　⑤9　⑥8
⑦8　⑧19　⑨9　⑩7　⑪2

3 ①6　②5　③16　④12　⑤8

考え方

2 前（左）から順番に計算することに注意しましょう。

3 □に適当な数をあてはめて計算し，計算結果が一致するかどうかを確かめる，という方法で考えます。

□にあてはまる数の見当がつかないときには，「ひき算では，大きい数から小さい数をひくんだったね。」と声をかけ，数をあてはめてみるよう促しましょう。

第22回

答え

1 ①○　②◐　③▼

2 ①6　②8　③1　④13

3 ①

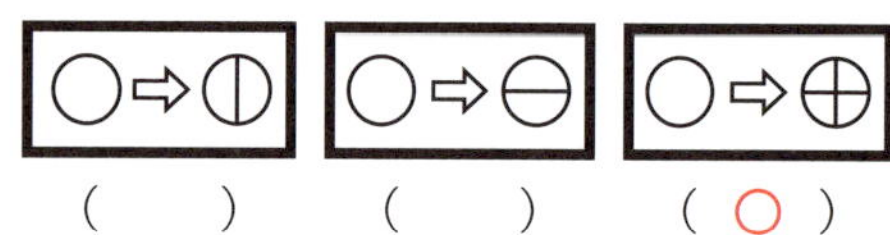

（　）　（　）　（○）

②

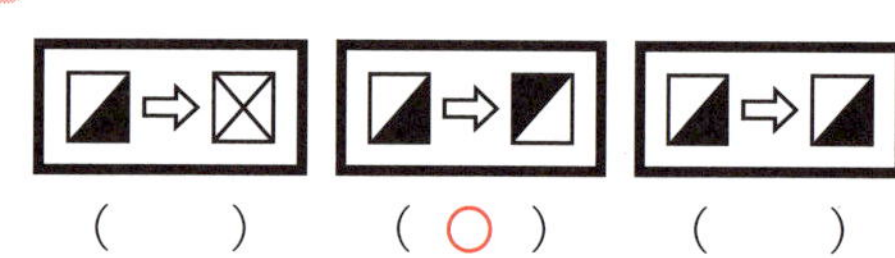

（　）　（○）　（　）

③

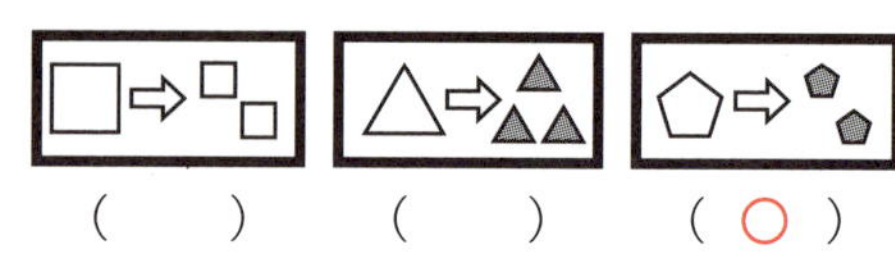

（　）　（　）　（○）

考え方

1 規則性を見つける問題です。

① ○□△を繰り返しています。

② ◐◑●を繰り返しています。

③ ▽▼△▲を繰り返しています。□が前（左）のほうにあるため，難しい問題です。規則性が見つからない場合は，列の後ろ（右）のほうを見るよう促してください。

2 数列の規則性を見つける問題です。

② 2とびの数です。

③ 1，2，3を繰り返しています。

④ 2ずつ減っていく数列です。数列の後ろ（右）のほうを見るとよいでしょう。

3 ②では，▭だけを見ても，「鏡に映した形に変わる」なのか，「白い部分が黒に，黒い部分が白に変わる」なのかがわかりません。選択肢を見て考える，難しい問題です。③では，形と色の両方に注意しましょう。

第23回

答え

1 ①

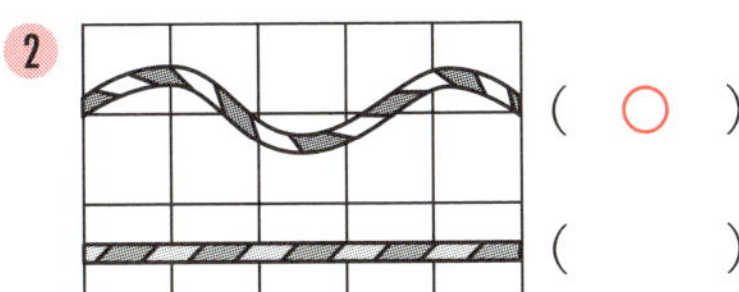

(　　)
(○)

②

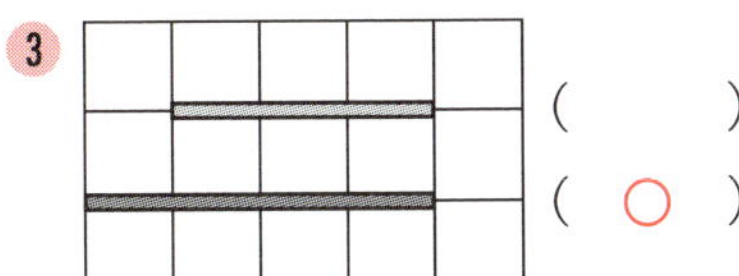

(○)
(　　)

③

(　　)
(○)

④

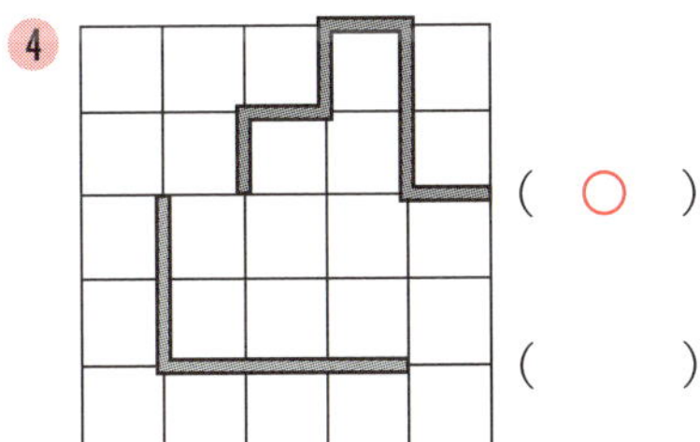

(○)
(　　)

2

(　　)　(○)

考え方

1 ③，④では，ひもの長さがます目のいくつ分かを数えて比較します。

2 読解力も必要とする難易度の高い問題です。わかりにくい場合は，けんたさんとまゆみさんのコップに入っているジュースのかさが，それぞれ絵ではどこにあたるのかを示してあげるとよいでしょう。

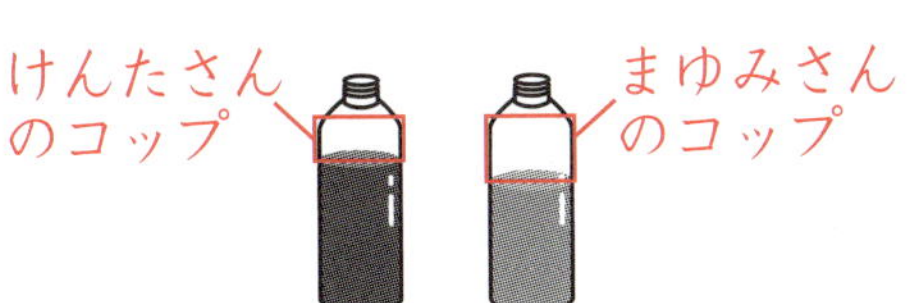

第24回

答え

1 ①

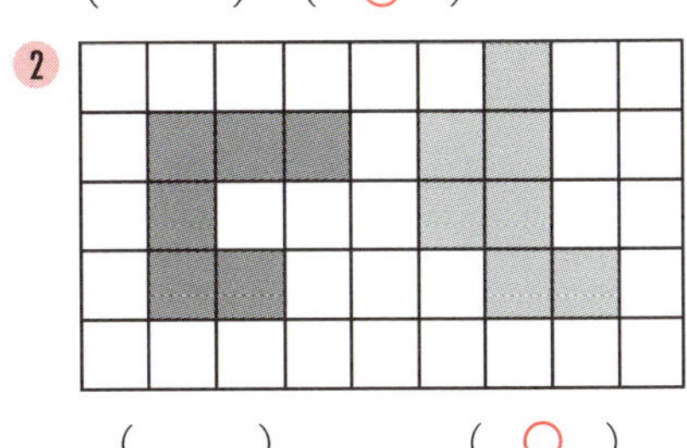

(　　)　(○)

②

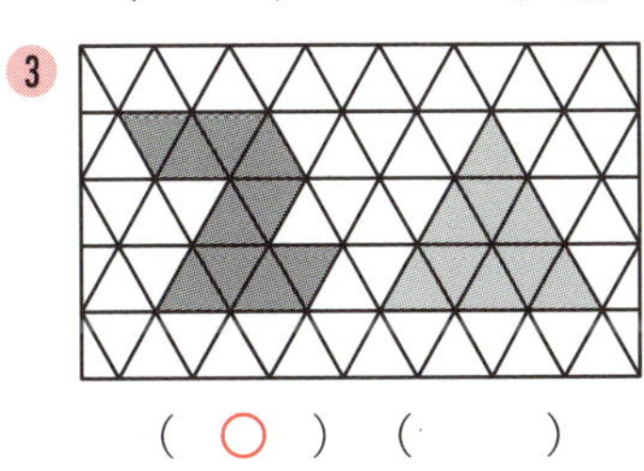

(　　)　(○)

③

(○)　(　　)

2 ①

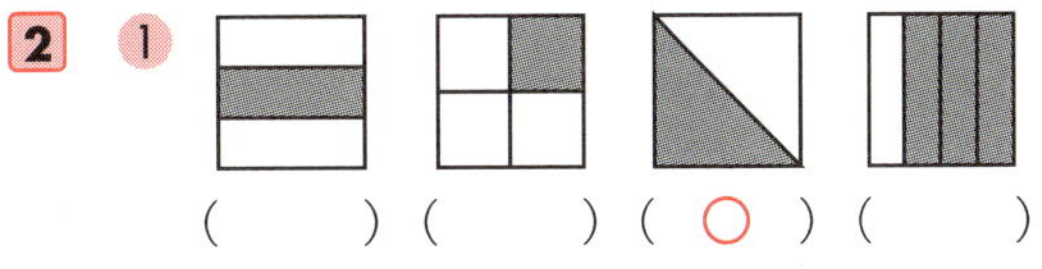

(　　)　(　　)　(○)　(　　)

②

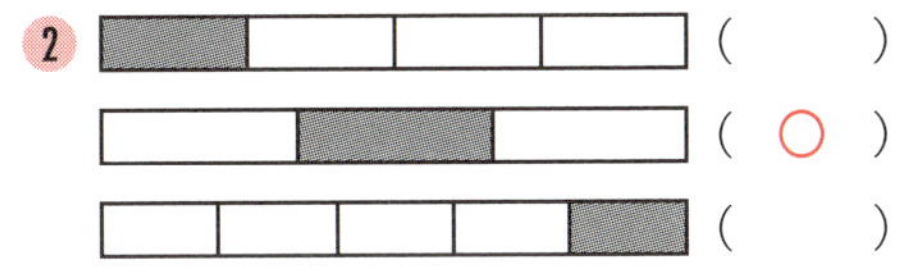

(　　)
(○)
(　　)

③

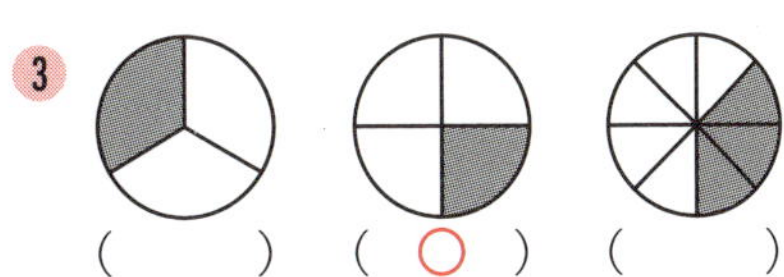

(　　)　(○)　(　　)

考え方

1 ①はトランプの枚数を，②，③はます目の数を数えて比較します。

2 ②，③がわかりにくい場合は，色をぬってあるところを紙に写し取り，それを重ねて広さを比較するとよいでしょう。

第25回

答え

1 ① 26　② 40

2 ① 8　② 56　③ 8，2　④ 100
⑤ 10　⑥ 30　⑦ 80

3 ①

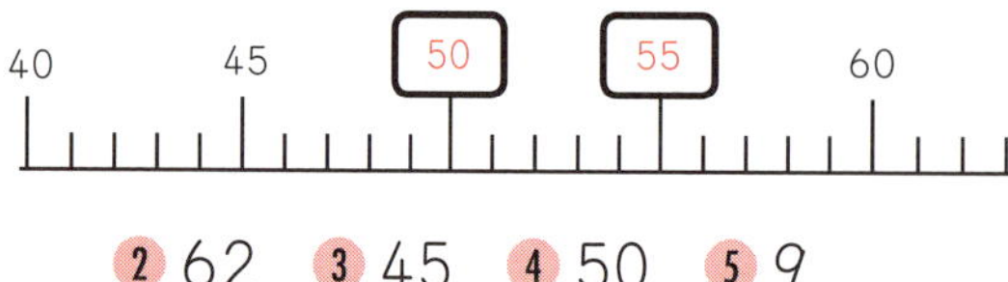

② 62　③ 45　④ 50　⑤ 9

考え方

1 10のかたまりを線で囲みながら数えるとよいでしょう。②では，次のように10のかたまりを見つけることができます。

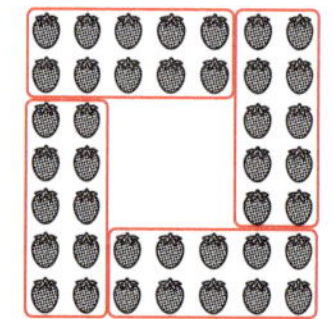

これ以外の10のかたまりをつくっていても，正解です。

2 ⑥，⑦は10のかたまりで考える難しい問題です。考え方がわからない場合，⑥では，「100は10のかたまりが10個で，70は10のかたまりが7個だね。10のかたまりが，あと何個あれば，100になるかな。」のように声をかけてあげてください。下のような図をかいてもよいでしょう。

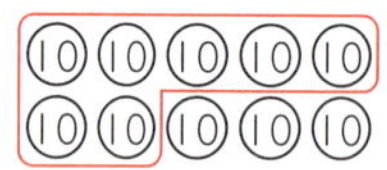

3 ④を考えるときにも，45の目盛りと55の目盛りに印をつけると，考えやすくなります。

第26回

答え

1 ① 31　38　35
(1)(3)(2)

② 45　23　68
(2)(1)(3)

③ 67　54　57
(3)(1)(2)

④ 101　110　98
(2)(3)(1)

2 ① 2　9　14　20　32　56
② 9，14，20（順不同）

3 ① 95　② 104　③ 99　④ 3
⑤ 100　⑥ 9

考え方

2 ②では，①の答えを利用すると考えやすいでしょう。

3 かずのせん（数直線）を見ながら考える問題です。

③ まず，数直線で101の目盛りを見つけます。そこから2目盛り左の位置にある目盛りが，いくつであるかを考えます。

④ 110と107の目盛りに印をつけて，107の目盛りが，110の目盛りから，何目盛り左の位置にあるかを数えます。

第27回

答え

1 ①

（　　）

（ ○ ）

（　　）

（　　）

②

（　　）

（　　）

（ ○ ）

（　　）

2

うさぎは　ぼうしを かぶって　います。（ ○ ）

犬(いぬ)は　りんごを もって　います。（ × ）

ねこの　くつには 花(はな)の　もようが かいて　あります。（ ○ ）

考え方

1 まず，形に注目しましょう。あてはまる形の中から，絵がうまくつながるものを見つけます。

2 9枚のカードを正しく並べると，下のようになります。しっぽや着ている服を注意して見ましょう。

第28回

答え

1 ① 70　② 30　③ 58　④ 29　⑤ 70　⑥ 100　⑦ 89　⑧ 43　⑨ 126　⑩ 100　⑪ 100　⑫ 82　⑬ 115　⑭ 56　⑮ 59　⑯ 172

2

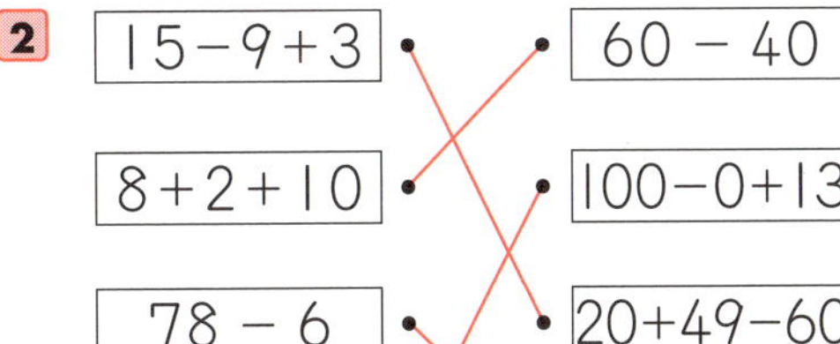

考え方

1 ⑬～⑯は，これまで学習したことを駆使して計算する難易度の高い問題です。前（左）から順に計算していきましょう。

⑮ 100より1小さい数は99なので，100 − 1 − 40 = 99 − 40
あとは，99 − 40を計算します。

⑯ 98より2大きい数は100です。わかりにくい場合は，「98より1大きい数は99，99より1大きい数は100だね。」と教えてあげましょう。

第29回

答え

1 ① 5 ② 5

2 ① 7 ② 14

3 ①

（　） （　） （○）

②

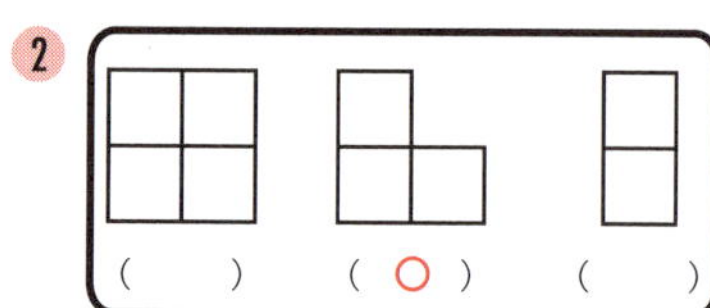

③

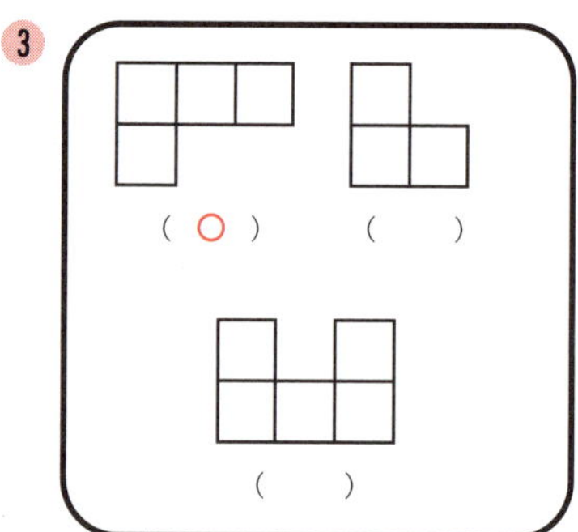

考え方

1 見えている積み木を数えていくと解ける問題です。

2 想像力を必要とする難しい問題です。見えていないところにも，積み木があることに注意しましょう。

① 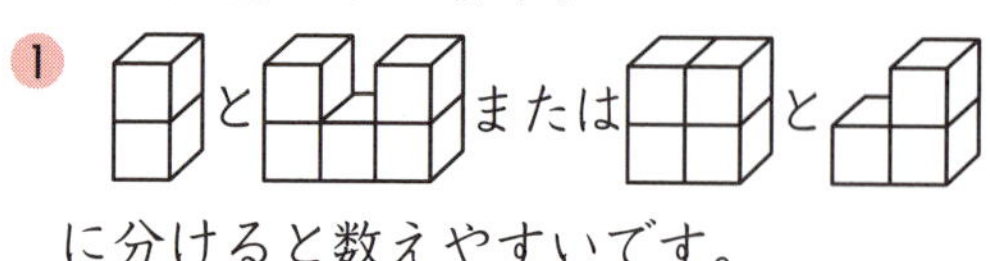

に分けると数えやすいです。

② ①と同様に，ブロックに分けて考えるとよいでしょう。

3 立体を様々な方向から見たときに，どのように見えるのかを想像して解く問題です。難しい場合には，身のまわりにある立体を，様々な方向から見るという取り組みをしてみましょう。

第30回

答え

1 ①

（○） （　） （　）

②

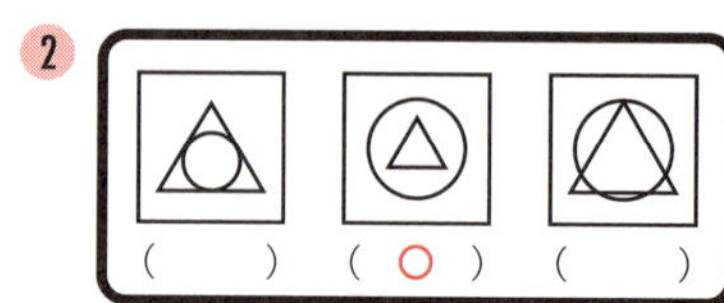

③

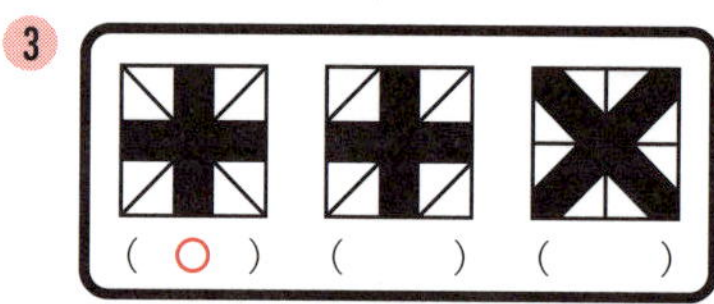

④

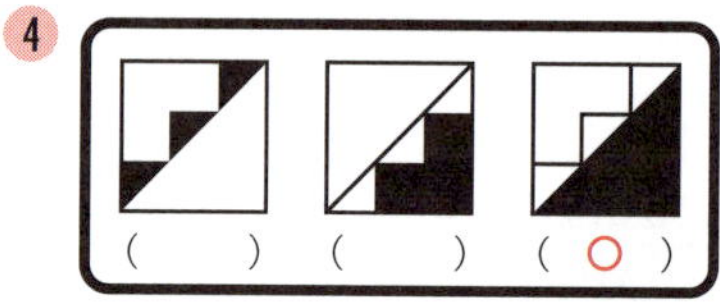

2 ①

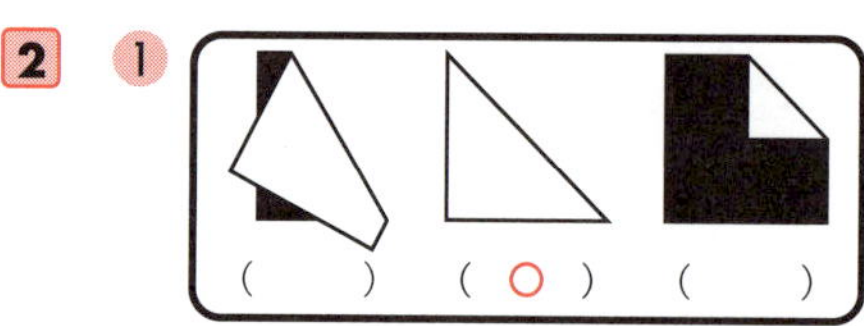

②

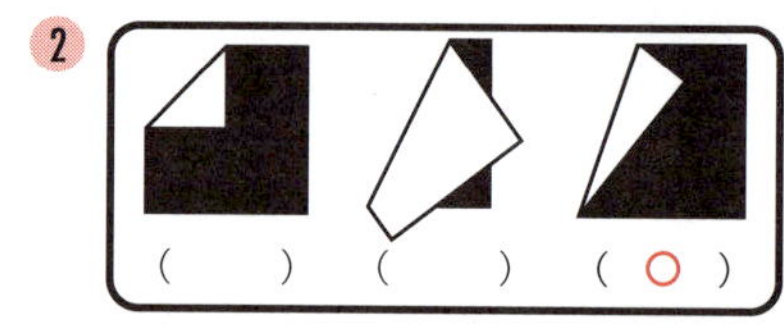

③

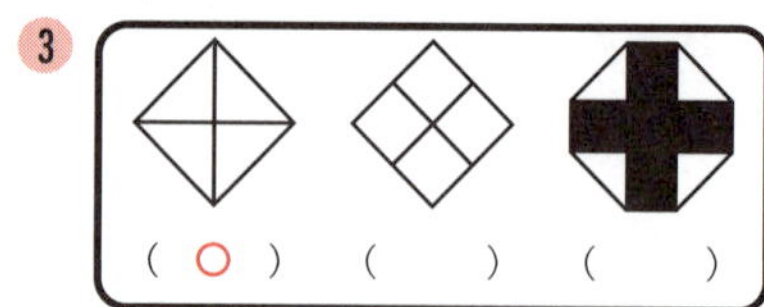

考え方

1 難しい場合は，紙に形を写し取り，実際に重ねてみましょう。重ねたときに，光に透かすと見やすいでしょう。

2 わかりにくい場合は，折り紙を折って確認しましょう。

第31回

答え

1 ①

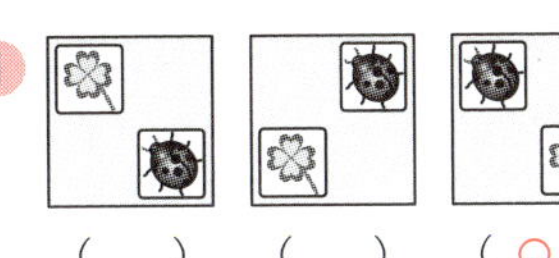

（　）（　）（○）

②（　）（○）（　）

2 ①

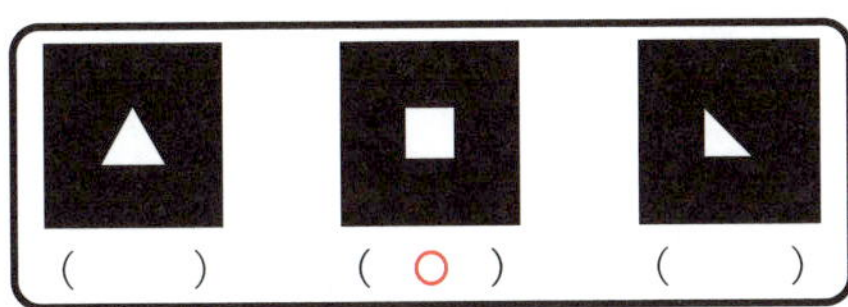

（　）（○）（　）

②

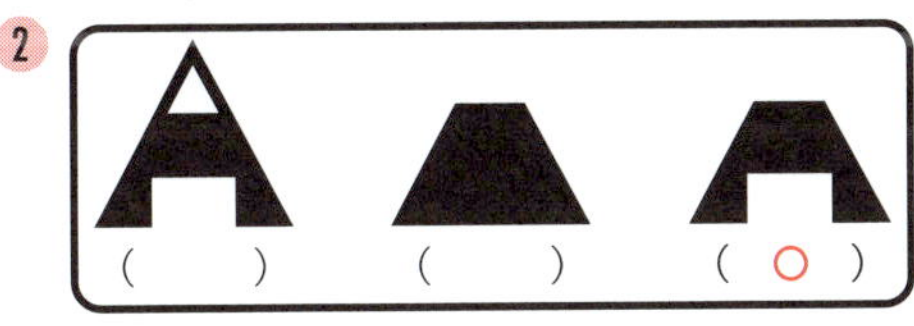

（　）（　）（○）

考え方

1 穴が空いている部分が，どの絵にあたるかを想像して答えを導きます。想像しにくい場合は，カードを作って確かめるとよいでしょう。

2 折ったあとの状態，切り落としたあとの状態，残った部分を広げたときの状態を想像する難しい問題です。

紙を２つ折りにして切り取ると，線対称な図形を作ることができます。実際に，様々な形を切り取って，どのような形ができるのかを調べる取り組みをすると，理解が深まるでしょう。

第32回

答え

1 6，600，12，120，9，9

2 ① 1，3　② 1，4，1　③ 5，2

考え方

1 100円玉，10円玉，1円玉を別々に数え，数えた硬貨には印をつけておくとよいでしょう。

ものを数える方法の1つに，「正」の字を書く方法があります。小学校では，表の単元で学習しますが，このような数え方があることを教えてあげてもよいでしょう。

2 金額を100，50，10，5，1のかたまりに分けて考える問題です。数を分解するときに，100，10，1のかたまりで考えてきた小学生にとっては，難易度の高い問題です。わからない場合は，実際に硬貨を使って考えるとよいでしょう。

② 95を分解するのが難しい場合は，財布の中の硬貨のうち，どれを出したらよいかを考えます。「95円だから，100円玉1個だと多いね。50円玉1個だけだと足りないから，10円玉を1個たすと60円，もう1個たすと70円，……」のように声をかけてあげるとよいでしょう。

③ 98円よりも多く出して，おつりをもらう難しい問題です。「10円玉を4個出す」と答えている場合には，「これだと90円しかないよ。」と教えてあげましょう。100より2小さい数が98なので，おつりは1円玉2個になります。

第33回

答え

1 ① 2 + 2 + 2 = 6

② 4 + 4 + 4 = 12

③ 3 + 3 + 3 + 3 = 12

④ 5 + 5 + 5 + 5 = 20

2 ① ＋　② －

③ ＋，－

④ －，＋

3 ① 4，1

② 5，12

考え方

1 ②と③では，計算結果が両方とも 12 であることに注目して，③の□にあてはまる数が，②の□にあてはまる数よりも小さいことに気づけるとよいでしょう。

3 難しい場合は，どの動物から考えたらよいかを教えてあげましょう。

① まず，うさぎにあてはまる数を考えます。

② 最初に，きつねにあてはまる数がわかります。

第34回

答え

1 ①

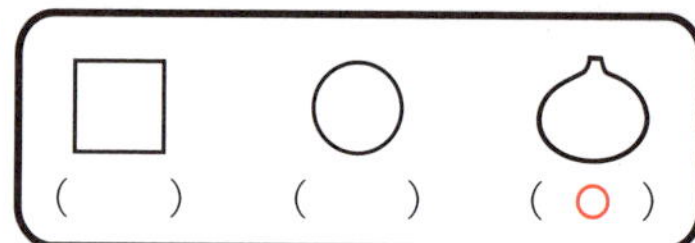

②

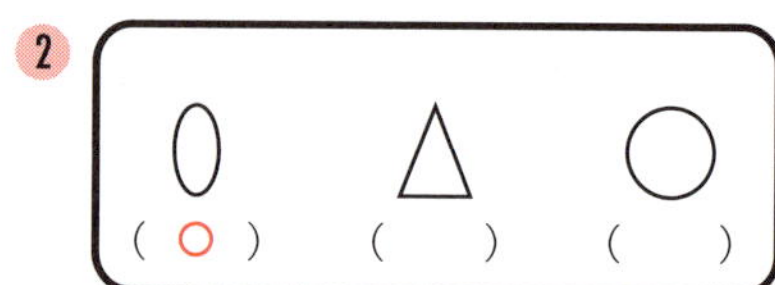

③

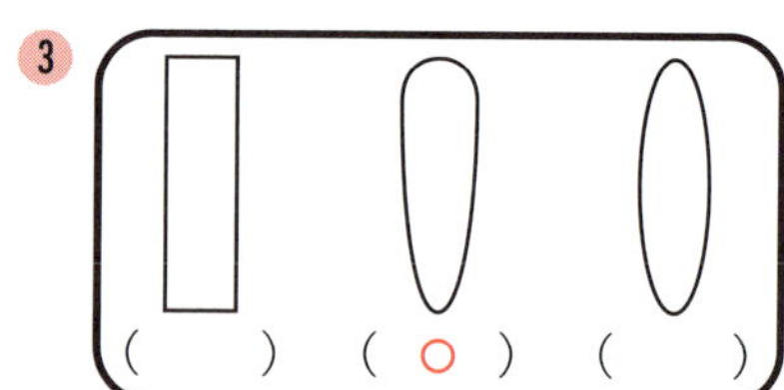

2

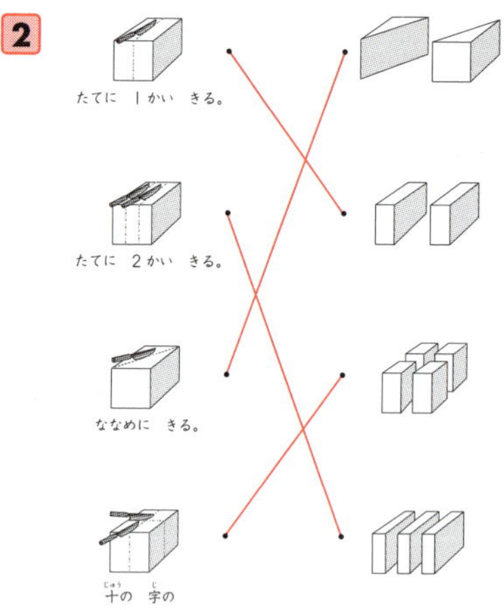

考え方

1 切り口の形を考える問題です。難しい場合は，実際に野菜を切って見せてあげましょう。

2 切断したあとの形を想像する問題です。日頃から食べ物などを通して，どのように切ると，どのような形になるのかを意識させてあげるとよいでしょう。

第35回

答え

1

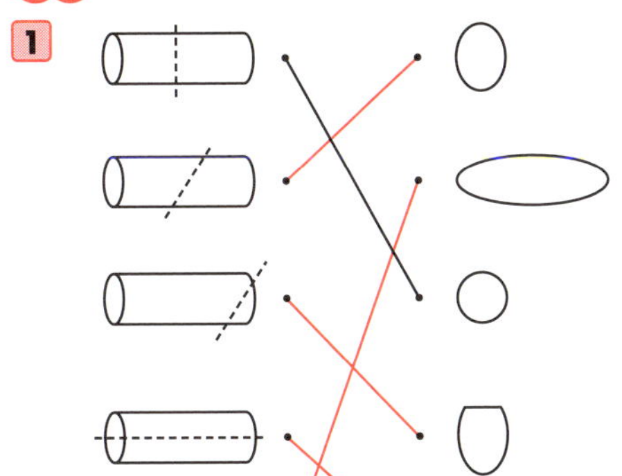

2

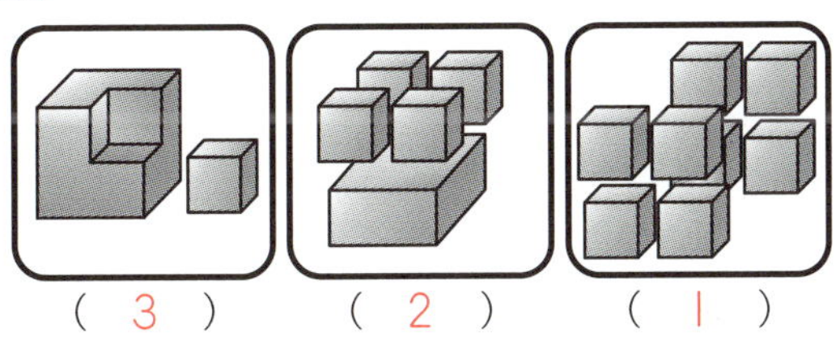

(3)　(2)　(1)

考え方

1 同じ形をいろいろな角度で切断したときに，どのような切り口になるのかを考える問題です。第34回と同様に，難しい問題ですので，想像できない場合にはきゅうりなどを切って，見せてあげるとよいでしょう。

2 切断した立体の表面積を考える問題です。切断面が多いほど，表面積は広くなります。

わかりにくい場合は，「やりかた」を示しながら，「たくさん切ると，ペンキで塗るところが多くなるんだね。」と教えてあげてください。

第36回

答え

1 ① 40　② 110，125　③ 50
④ 2　⑤ 50

2 ①

1	2	3	4	5	6	7
8	9	10	11	12	13	14
15	16	17	18	19	20	21
22	23	24	25	26	27	28
29	30					

② 11，7
③ 25，7

考え方

1 ① 10ずつ大きくなっています。
② 5ずつ大きくなっています。□が2箇所あるため，難しい問題です。
③ 2ずつ小さくなっています。52より2小さい数，と考えて50を導きます。
④ 1，2を繰り返しています。
⑤ 5ずつ大きくなっています。5とびの数であることに注目して，10番目まで数を書いて，答えを導きます。

2 カレンダーにつながる数表の問題です。数表の列を縦に見ると，7ずつ大きくなっています。
③ 25－18の計算は習っていないので，25が18のいくつあとの数なのかを考えます。

第37回

答え

1 ❶（例）30，31，32，33，34，
35，36，37，38，39

❷（例）3，13，23，33，43，
53，63，73，83，93

2 ❶25，52（順不同）

❷32，12

考え方

1 ❶では，3桁以上の数を答えていても正解です。❷では，1桁の数（3のみ）や3桁以上の数を答えていても正解です。

2 一の位の数字と十の位の数字に注目する問題です。

❶「2」や「5」を答えにしている場合は，「カードを全部使って，数を作るよ。」と教えてあげてください。

❷ やり方がわからない場合は，まず，カードを2枚選んで，数を作るよう促しましょう。そして，「この数よりも大きい数（小さい数）は作れるかな。」と声をかけてあげてください。

いちばん大きい数を「33」と答えたり，いちばん小さい数を「11」と答えたりしている場合には，「カードは1枚ずつしかないよ。」と教えてあげましょう。

第38回

答え

1 ❶74　❷58　❸98

2 ㋓

考え方

1 ❸では，まず，ダイヤの箱に78のカードを入れて，出てきたカードの数を考えます。カードの数は87なので，余白に87と書いておくとよいでしょう。

2 暗号表，地図，メモという3つの資料を見ながら考える，難易度の高い問題です。難しい場合は，まず，メモを読むように促しましょう。

メモを読むと，記号が出てきますので，暗号表を見て，何の数を表しているのかを確認します。このとき，記号の近くに数を書いておくとよいでしょう。

記号を数に直したあと，メモを読みながら，地図を確認します。上下と左右の2つの軸で考えなければならず，さらに地図上で移動するため，混乱してしまうかもしれません。そのようなときは，自分が今いる位置がわかるよう，地図に印をつけながら考えましょう。

第39回

答え

1 ❶ 6　❷ 5，5　❸ 4，5

考え方

1 さいころは6つの面でできています。上，下，右，左，前，後ろを数えて，そのことに気づけるとよいでしょう。

この6つの方向から見える面を想像する力は，立体の表面積を考える問題などで重要になります。難しい場合は，実際に身のまわりにある立体を，さまざまな方向から見るという取り組みをするとよいでしょう。

❷ 右，左，前，後ろから見た絵は，同じになります。

上から見た絵

下から見た絵

右，左，前，後ろから見た絵 →

❸ 上，下，前，後ろから見た絵は，同じになります。

右から見た絵

左から見た絵

上，下，前，後ろから見た絵

第40回

答え

1

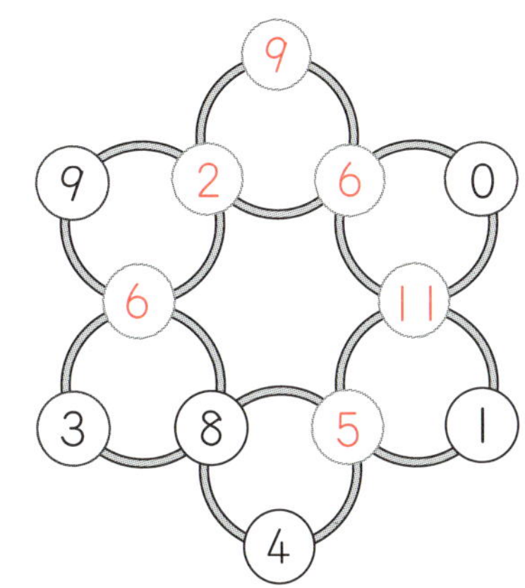

2 やりかた

1	2	3	4	5
や	っ	た	ね	！

考え方

1 どの○から埋めることができるかを考えなければならない難しい問題です。

3つの数のうち，2つの数がわかっている◎から考えていきます。解き方がわからない場合は，「いちばん下の◎（または，その左の◎）から考えてみよう。」と教えてあげるとよいでしょう。

2 これまで学習した計算の総復習です。問題の意味がわからない場合は，「やりかた」を示しながら，「1＋0＝1だね。『や』というカードがついているから，『1』の下の□に『や』を書くよ。」と教えてあげてください。

親子の学び Q&A

保護者のかたからZ会に寄せられたご相談をもとに，親子の学び方についてまとめました。ぜひお読みいただき，本書での学習にお役立てください。

Q1 学習習慣をつけるには，どうしたらよいですか？

A1

毎日少しずつ，なるべく決まった時間に，教材を開くようにするのがよい方法です。子どもは，親の近くにいたがる場合もありますので，そんなときは，無理に机でやらせる必要はありません。親子で寄り添いながら進めていってください。少しずつでも続けることができれば，お子さまにとっては，大きな自信につながっていくはずです。これが積み重なって，習慣になります。

Q2 何度言っても見直しをしないのですが……。

A2

低学年の段階で，自分からすすんで見直しをすることは難しいものです。それは，低学年の課題は平易なものが中心なため，子ども自身，見直す必要性を感じにくいからです。見直しを習慣化させる早道は，見直しという行為が子どもにとって価値のある行為となる経験をさせることです。つまり，①「見直しをしない」→②「ケアレスミスのある答案になる」→③「不本意な点数を取る」→④「見直しをする」→⑤「ケアレスミスのない答案をつくる」→⑥「点数が上がる」，というプロセスを実際に経験させることです。こうした経験を重ねることで，見直しの重要性を心得てゆくことでしょう。

Q 3 丁寧な字を書かせるには，どうしたらよいですか？

A3

低学年の子どもたちにとって，字を丁寧に書くことは難しいことです。また，「丁寧に書きなさい」と言われても，「どうして丁寧に書かないといけないの？」と疑問に思うお子さまもいらっしゃいます。そのような場合は，読み手の存在を意識させることが大切です。お子さまに，"丁寧な字は，読む人がわかりやすく，読んでいてうれしくなる"ということを理解してもらいましょう。字形については，よくできている点についてはしっかりほめ，不十分な点については優しく指摘してあげてください。ただし，あまりにも細かな点について指摘すると，字を書くことへの嫌悪感が生まれかねません。初めのうちは，ある程度きちんと書けていればよしとして，ほめてあげることを重視してください。また，読み手の存在を意識させるためにも，手紙や交換日記などを書く機会を積極的にもちましょう。丁寧に書けたら，「丁寧な字で，とっても読みやすかったよ。」とほめてあげてください。おうちのかたにほめてもらえた喜びが，学習意欲につながります。

Q4 できない時に声をかけると子どもがイライラするのですが，どうすればよいですか？

A4

平易な内容が中心の低学年の学習では，できることが多くできないというケースは比較的少ないものです。ですから，できないという事実に直面した場合，子どもはその状況に狼狽し無意識にできない自分を責めている（自尊心を傷つける）ものです。そうしたお子さんの心理状態を，まず理解しましょう。大切なのは，できない問題に向かい合った時は，まず問題自体が通常より高いレベルの課題であることを示してあげることです。「こんな難しい問題を解いているんだ，えらいね。」といった態度で接し，子どもが解くことができた類似の基本問題に遡り，その理解を適用すれば正しい解答に導けることを確認し「できたね。また一つ賢くなったね。」とほめてあげるとよいでしょう。なお，できない時だけ声をかけていると，「親の声かけ＝できない自分」という式が子どもの中に構築されてしまうので，普段から（さほど難しい取り組みでなくても）「がんばっているね。」「続けていてえらいね。」といったほめる声かけをするのがよいでしょう。

Q5 図形の学習のコツはありますか？

A5

三角形や四角形の定義などについては，２年生で取り上げます。

１年生の図形学習の目的は「図形に親しむ」ことです。ですから，工作や折り紙などをとおして，楽しみながら図形に親しむ取り組みを行えるとよいでしょう。